재배식물의 기원

다나카 마사타케 지음
신영범 옮김

전파과학사

책머리에

스위스의 식물학자 드캉돌(A. DeCandoll)은 1883년 『재배식물의 기원』이라는 저서를 내놓았다. 그 번역판이 1941년 가모(加茂儀一)에 의하여 가이조샤(改造社)에서 출판되었으며, 당시 학생이었던 나는 그 책을 읽고 많은 감명을 받았다.

1946년 교토(京都)대학 농학부에서는, 당시 유전학강좌 담당 교수였던 기하라(木原均) 박사에 의하여 일본에서는 처음으로 재배식물 기원론이 개설되었다. 나는 그 강의를 받은 최초의 학생이었으며, 기하라 교수가 빵밀의 선조를 발견한 직후였다.

밀의 역사는 그 염색체에 새겨져 있으며, 흡사 지구의 역사가 지층이라는 것에 실려 있듯 그 염색체에서 밀의 분류나 선조종이 발견되었다.

1946년 기하라 히로시(木原 均)

'밀'의 발단이 되었던 염색체의 추적에서 수천 년 전에 성립된 재배 식물의 역사를 해명하는 다이내믹한 기하라 교수의 방법론은 젊은 세대인 우리에게 대단히 매력적이었다.

실험포장을 중심으로 한 연구에서 선조종의 자생지 탐색이라는 야외 실습과 직결된 연구로 진전되었으며, 이 방면의 연구는 급속히 진전되어 드캉돌 이후 1세기에 가까운 긴 세월이 지난 오늘에야 속속 새로운 사실이 해명되었다.

그러나 이 분야의 새로운 정보를 정리한 서적이 일본에서는 아직 나오지 않고 있다. 많은 서적은 농경 또는 농업의 기원에 관한 것이며, 각 재배식물의 성립에 관여한 선조종에 대해서는 어느 책에나 해설되어 있는 것은 아니다.

인간의 반려자인 재배식물은 많은 문명을 쌓아 올렸으며 인류에게 오랫동안 공헌해 왔다. 한편, 문명의 발달과 함께 지구상의 인구는 점점 증가하고 있으며 그 결과 인류를 먹여 살릴 식량이 부족해지는 위기는 당연히 다가올 것이다. 따라서 우리는 지금, 장래의 식량대책을 진지하게 생각해 볼 필요가 있다.

여기서 우리는 인간이 만들어 온 재배식물과 인간과의 역사적 관계를 되돌아보기로 하자.

우리의 선조가 현재 주로 식량으로 이용하는 재배식물을 자연계에 자생하는 야생종으로부터 창조해 낸 것은 사실이다. 이 책은 생물학적 관점에서 재배식물의 기원에 대한 경과를 해명한 것이며, 그것을 토대로 자연계에 존재하는 유용한 유전자원 탐색의 필요성과 이용, 개발의 장래성에 대하여 재배식물 기원학을 전공하는 입장에서 필자의 의견을 서술한 것이다.

러시아의 위대한 식물학자이며, 유전학자인 바빌로프는 재배식물 기원의 연구분야에 있어 20세기 전반의 추진자였으며, 그는 재배식물의 품종개량에는 재배식물의 기원에 대한 연구와 기원에 관여한 식물의 연구가 필요하다고 역설하였고, 12년에 걸쳐 세계 각지를 탐색하여 유용한 유전자원의 수집에 노력하였다.

그러나 유사 이래 재배식물의 기원과 진화에 공헌해 온 지구상의 유전자원도 문명의 발달과 함께 급속하게 소멸되어 가고 있는 것이 지금의 실정이다. 따라서 유전자원의 보존 및 유지의 필요성과 이를 위하여 현대인은 무엇을 해야 하는가를 호소하여, 독자에게 유전자원 보존의 중요성을 이해시키고 싶은 것도 이 책을 쓴 주된 목적의 하나이다.

이 책에서는 각 재배식물의 기원에 대하여, 구대륙에서는 화곡류(禾穀類)를 주로 다루었으며, 신대륙에서는 상당히 많은 작물을 대상으로 다루어 보았다. 소개한 작물은 가능한 한 본인이 직접 선조종을 찾아서 탐색한 현지조사에 근거하여 재배식물의 기원을 기술하는 것이 읽는 이에게 진실을 전달하는 것이며, 또 필자 스스로도 정직하게 안심하고 서술할 수 있기 때문이다. 현지조사는 기하라와 야마시타(山下孝介) 두 박사를 중심으로 중근동 지역의 밀의 기원 탐색에 참가한 세 번의 경험과 또 저자를 중심으로 중앙안데스 지역의 세 번에 걸친 탐색 경험이 이 책을 씀에 있어 커다란 기반이 되었다.

저자가 NHK의 『모든 이의 과학』이나 『여성수첩』 등에서 현지조사의 실태를 방송한 것이 계기가 되어 출판의 권유를 받게 되었다. 그 권유에 천학하면서도 이 책을 쓰게 된 동기는 일본뿐만 아니라 외국에서도 찾아볼 수 없는 재배식물 기원학을 연구하는 분야로는 처음으로 교토대학 농학부에 식물생식질 연구시설(재배식물 기원학 부문)이 1971년 발족하였으며, 거기에 종사하는 사람으로서의 책무를 생각하였기 때문이다.

그리고 이 책을 쓰는 데 필자에게 용기를 준 것은 6년 전부터 계속하고 있는 재배식물 기원에 대한 독서회를 통하여 많은 저서를 공부한 귀중한 개념이나 발상, 또한 회원 여러분의 유익한 가르침과 조언이었다. 회원 여러분에게 감사의 뜻을 표하는 바이다. 또, NHK 북스의 마스코(益子喜好), 오후루바(大古場哲夫), 다쓰후지(瀧藤正廣) 씨에게 많은 도움을 받았으며 이에 감사를 표하는 바이다.

다나카 마사타케(田中 正武)

차례

8

서론
재배식물을 생각하며

1. 재배식물과 문명

인류의 발전에는 의식주의 안정이 필수불가결한 조건이며, 특히 '식량'의 확보는 인류의 문화를 발전시키는 기반으로 매우 중요한 문제이다.

따라서 인류사의 초기 단계에서는 식량의 확보가 가장 중요한 문제였으며, 더욱이 곡류나 서류와 같은 유용한 재배식물이 출현하여 농경이 이루어짐에 따라 식량의 확보는 용이하게 되었고, 이에 비로소 문명의 발달이 이루어지게 되었다. 수렵과 채취만으로 한 사람의 인간이 먹고사는 데는 약 20k㎡의 토지가 필요하나, 작물을 재배하면 같은 면적으로 약 6,000명은 충분히 먹고살 수 있다.

한편, 재배식물에 의한 생산력의 증대는 채취시대에는 도저히 생각할 수 없을 정도의 시간적 여유를 인류에게 주게 되었으며, 그 결과 노동은 분업으로 발전하여 크게는 과학과 공예 등의 발전을 가져오게 되었다고 추측할 수 있다.

그러나 인류가 발전함에 따라 인구의 증가는 필연적이었으며, 특히 식량의 확보는 필수불가결한 매우 중요한 문제로 대두되었다. 이와 같은 사실은 인류의 가장 오랜 문명을 자랑하는 메소포타미아문명에서는 밀, 인도문명에서는 벼, 마야문명에서는 옥수수, 잉카문명에서는 감자와 같이 식량의 기본이 되는 재배식물이 확립된 사실만 보아도 명확히 알 수 있다. 이와 같이 재배식물과 문명은 서로 밀접한 관계가 있는 것이다.

많은 문명의 초석이 된 식량의 기본인 재배식물은 야생종에서 그 유용성을 탐색하고 개발하여 인간이 만들어 낸 창조물이며, 이것은 인류의 위대한 업적으로 일단은 인정하지 않을 수 없을 것이다.

그러나 문명의 기반인 재배식물의 성립은 어떤 지역을 점유한 인류의 위대함만으로 만들어진 것일까? 아니면 그 지역을 둘러싸고 있는 자연계의 은혜로서, 본질적으로는 각 식물이 가지고 있는 유전적 소질에 의한 것이 대부분이었다고 보아야 할 것인가?

이와 같은 문제에 대해서는 뒤에서 설명하기로 하고, 재배식물의 기원의 계기가 된 것은 '재배한다'는 행위였을 것이 분명하다. 재배식물의 진화가 항상 식물의 진화를 의미하는 것은 아니며, 인간을 중심으로 한 진화로 보아야 할 것이다. 즉, 재배식물은 인류의 문명과 함께 걸어왔다고 말할 수 있다.

일단 야생 상태에서 탈피하여 재배화된 식물은 인간의 보호 없이는 살아남을 수 없을 정도로 변화된 것이다. 재배화된 맥류종자는 적당한 수분과 온도만 충족되면 언제든지 발아하는 성질로 변해버렸다. 만일 늦은 봄에 종자가 여문 상태로 밭에 그대로 방치되면 종자는 곧 발아하고, 그 결과 맥류의 생육에 부적당한 여름이 되면 고온으로 인하여 결국에는 말라 죽고 만다. 그러나 야생종은 조건이 적당해도 곧 발아하지 않으며, 생육에 적당한 시기가 올 때까지 종자 상태를 유지하는 성질이 있다.

따라서 재배식물은 문명의 연대적 변천과 함께 생기는 인간의 가치평가에 따라 그 운명이 좌우된다. 인간이 자연계의 식물자원을 식량으로 이용한 이래, 많은 종류의 재배식물과 품종이라고 부르는 다양한 계통을 이용해 왔다. 이들 재배식물은 지역과 계절의 변화에 따라 독특한 맛과 향기 등으로 인간의 식생활을 풍부하게 해왔다.

그러나 현대사회에서는 경제적인 이유로 많은 재배식물 중에서 한정된 재배식물만을 이용하는 경향이 있다. 또, 하나의 재배식물을 보더라도 지방에 따라 독특한 품종들이 몇몇의 품종으로 변천해 왔다.

이 책에서는 야생의 것을 채취하여 식생활을 영위하던 시대로부터 재배식물로 이용하는 전환과정, 재배식물의 선조종, 발상지 및 전파를 중심으로, 인간의 반려자로서의 재배식물을 생각해 보기로 한다.

2. 재배식물의 기원과 농경의 기원

우선, 起原(기원)과 起源(기원)의 의미를 음미하여 볼 필요가 있다. 原(원)이라 함은 original, primitive의 뜻이며, 재배식물의 경우를 생각하면 오직 하나로 제한된다. 이것은 학문적인 명제이기도 하다. 이와는 반대로 源(원)이라 함은 source의 의미이다. 농경의 경우와 같이 여러 가지 복잡한 요소에 의하여 비로소 성립되는 경우에는 원(源)이라고 하는 것이 타당하다고 생각된다.

인류문화사적 견지에서 보면, 농경 자체의 기원과 발전에는 반드시 구심점이 있으며 농경문화에 있어서 재배식물의 위치는 많은 요소 중의 하나에 지나지 않을 것이다. 농경기원의 연구분야에서는 재배식물의 기원, 즉 재배식물의 성립에 관한 선조

종이나 발상지 그리고 그 성립과정은 그다지 중요한 문제가 아
니다. 오히려 재배식물의 존재와 그 질적인 면에서 의의를 찾
고 있다. 따라서 재배식물로 성립된 후의 진화가 문제시된다.
극단적으로 말한다면, 농경의 기원을 언급할 때에는 재배식물
의 선조종이 무엇이었는가에 대해서는 충분한 이해를 필요로
하지 않는다.

그러나 재배식물의 성립에 관한 올바른 파악이 있어야 비로
소 농경의 기원도 논할 수 있고, 재배식물의 성립도 농경기원
의 초기에는 서로 밀접한 관계를 가지고 있었으며, 재배식물을
기반으로 하여 농경도 시작되었다. 한편 농경의 발달이 새로운
재배식물의 기원을 촉진한 것도 사실일 것이다.

현재까지 고고학과 고민족식물학 등 여러 분야에서 농경의
기원을 주된 관점으로 논술한 저서는 많이 간행되었으나, 재배
식물의 기원 그 자체의 성립에 주안점을 두고 논술한 것은 그
다지 많지 않다. 그래서 이 책에서는 재배식물의 기원을 농경의
기원과 분리하여 주로 생물학적 관점에서 논술하기로 하였다.

그러나 서로는 앞에서 설명한 것과 같은 관계가 있으며, 재
배식물의 기원과 농경의 기원을 분리하여 취급하는 것에 대하
여 많은 비판이 있을 것이다. 그 비판은 아마도 개념의 차이에
서 생기는 것으로 생각되며, 그 한 가지 예를 들어본다.

재배식물을 논할 때 생물학 분야만으로는 기원에 관여한 선
조종의 구명이 가능할 뿐이다. 그 연대에 대하여는 고고학 및
고민족식물학 분야의 구명이, 전파에는 언어학 및 민족학 분야
의 구명이 필요하다. 예를 들면 탄화된 곡류가 출토되면 분류
학적으로는 식물의 종류가, 형태학적으로는 재배종 여부가, 또

한 방사성탄소의 측정으로는 연대 등이 추정된다. 이때야 비로소 재배식물의 기원학적 입장에서 그 재배식물의 성립 시기가 결정된다. 그리고 재배형의 존재가 어떠한 형태였든지 농경의 존재 사실을 긍정하게 된다.

그러나 농경기원의 입장에서는 재배식물의 발굴과 함께 농경에 사용된 농기구의 출토를 필요조건으로 생각하는 경향이 있다.

이 책에서는 인간이 야생식물을 땅에 심어 재배형이 되고, 그것을 생활에 이용한 행위를 재배식물의 기원으로 보았다.

3. 기원에 대한 연구란?

재배식물의 기원에 대한 연구는 인류문화사적 의의와 생물학적 의의가 있다. 인류문화사적 의의의 경우는 재배식물의 성립 연대와 재배식물로의 진화 및 전파의 구명을 목적으로 하며, 생물학적 의의의 경우는 기원에 관여한 선조종과 그 과정의 구명을 목적으로 한다. 이와 같은 구명은 재배식물의 재현 가능성을 전제로 하며, 여기까지 구명하여야 비로소 그 의의가 있게 된다.

재배식물은 우연한 기회에 몇몇의 개체가 관여하여 성립되었다고 생각하기 때문에 어떤 재배식물의 기원이 구명되면, 현존하는 선조종에서 유용한 유전자를 가지는 계통을 찾아내어 그것을 이용하여 희망하는 뛰어난 형질을 가진 식물을 재현시킬수 있다는 가능성을 가지게 된다.

예를 들어 병에 쉽게 걸리는 재배식물이 있을 때 선조종에서

병에 강한 계통을 이용하여 재배식물을 개량하는 것도 가능하게 된다. 또한 어떤 재배식물의 성립기구가 구명되면, 그 성립기구를 다른 작물에 응용하여 새로운 재배식물을 만드는 것도 가능할 것이다.

야생식물을 이용하여 새로운 재배식물을 육성할 때는 주로 이와 같은 방법을 이용하게 된다. 그 가운데 특수한 경우는 현재 우리들이 식용하는 바나나에 종자가 없는 것을 구명하여 씨 없는 과일의 육성 가능성을 가져다주었다. 그것은 생식세포의 성숙분열 과정에서 비정상적인 현상이 일어나, 생식력이 없는 화분이나 난세포를 형성하기 때문인 것으로 판명되었다. 이를 응용하여 수박에서는 성숙분열에 이상이 나타나는 식물체를 육성하여 씨 없는 수박의 실현을 보게 되었다.

이 방법은 유용한 소재의 재결합으로 재배식물을 개량하기도 하고, 새로운 재배식물의 육성 가능성도 있어 재배식물공학이라고도 말할 수 있는 분야이다.

Ⅰ. 재배식물의 성립

1. 야생식물에서 재배식물로

재배식물의 자격을 획득하기 위한 첫걸음은 야생형에서 탈피하여 재배형으로 전환되는 과정에서 시작된다. 우선, 여기서 야생형과 재배형의 차이를 밝혀두기로 하자. 한마디로 말하여 야생식물은 인간의 손을 빌리지 않고도 발아하고, 개화하고, 결실한다. 그것으로 생활환을 완성하며 대대로 자손을 이어가는 것이 가능하다. 한편 재배식물이라는 것은 생활환을 완성하는 데 언제나 인간의 관여를 필요로 하는 것이다.

진정한 야생종은 종자가 여물면 저절로 떨어지며, 떨어진 종자는 생육에 적당한 시기에 발아한다. 적당한 시기라 함은 그 후 정상적인 영양생장을 영위하여 성숙기에 개화하고 결실하며, 다음 대의 자손을 온전하게 남길 수 있는 모든 과정을 완성할 수 있다는 의미이다. 따라서 야생형은 변화하는 자연계의 환경조건에 순응하여, 여러 가지 촉진 또는 억제라는 조작을 식물체 자신이 행할 수 있다는 의미이다. 이것이 가능하지 못한 것은 도태되어 멸종된다.

발아된 뒤 생육에 필요한 적당한 온도와 수분 등 환경조건이 만족된 상태가 될 때까지 종자가 땅에 떨어져도 발아하지 않고, 휴면이라는 생리적 수단에 의하여 발아가 억제된다. 또한 개화 및 결실에 적당한 시기가 될 때까지 빛과 온도에 대하여 감광성 및 감온성에 의하여 조작되고 있다. 이와 같은 성질은 장구한 세월을 통하여 자연계에서 도태되며 이루어진 것이다.

그러나 갑작스러운 자연환경의 변화에 대하여, 자손을 유지하기 위해서는 휴면이라든가, 감광성과 감온성에 대하여 폭넓은 변이를 가질 필요가 있다. 예를 들면 밀(소맥)과 보리(대맥)의 야생종은 한 이삭에서 채취한 종자라도 모두 같은 휴면기간을 가지는 것이 아니고, 착립 위치에 따라 휴면기간이 다른 폭넓은 변이를 가지고 있다. 그것은 약 40일로부터 1년 이상이 되기도 한다. 그렇게 하여 급변하는 자연환경 조건에서 그해에 발아한 종자가 죽는다고 하여도 다음 해까지 휴면하고 있던 종자가 발아, 생육, 결실하여 멸종위기를 넘기게 되어 있다.

이와 같은 야생종에 비하여 재배종은 일반적으로 인간이 재배하기 편리하게 휴면성도 없고 감온성과 감광성도 둔감하다. 또한 앞에서 말한 생리적 형질 외에 형태적으로도 인간이 이용 대상으로 하는 식물체의 일부가 야생종과는 비교도 되지 않을 정도로 거대화되어 있다. 따라서 재배종은 기형이라고도 말할 수 있다.

예를 들면, 지하부를 식용하는 무나 고구마의 야생종은 뿌리가 거의 비대하지 않으나 재배종은 수십 배나 비대하다. 또한 사과나 파인애플의 야생종은 식용하지 않는 속 부분이 과실의 대부분을 차지하고 있으나, 재배종은 과육 부분이 현저히 비대되어 있다.

다음은 이 모든 형질의 변화가 야생형에서 재배형으로 발달하는 초기에 어떻게 성립되었는가에 대하여 생각해 보자.

야생형에서 재배형으로의 전환은 각 형질에 관여하는 유전자의 돌연변이의 결과라고 할 수밖에 없다. 그러나 그와 같은 돌연변이로 여러 가지 형질들이 재배에 유리한 성질만 선발되고, 또 그러한 형질을 가지고 하나의 재배식물이 만들어져 완전한 재배형이 완성되었다는 것이 과연 인간에 의한 것일까? 일반적으로 인간은 산과 들에 자생하고 있는 식물을 채취하여 주거지의 주변에 심고, 재배에 알맞은 형질만을 의식적으로 선발하여 인간이 재배식물을 창조하였다는 것이 보편적인 생각이라고 보아야 할 것이다.

그러나 사실은 전혀 반대로 인간은 다만 재배한다는 행위의 기계적인 반복을 실행하였음에 지나지 않고, 무의식적인 선발에 의하여 재배형이 완성되었던 것이다. 이와 같은 생각은 다소의 차이는 있을지 몰라도 모든 재배식물에 적용된다.

인간의 의식적인 선발이 이루어진 것은 재배형이 성립된 이후의 일이며, 대개는 지나온 2000~3000년 사이의 일일 것이다. 재배식물 중에서 가장 오래된 것은 맥류로 메소포타미아의 신석기시대인 기원전 7000년경의 것이며, 조직적인 품종의 개량 등 적극적인 선발이 이루어진 것은 18세기에 들어오면서부터라고 하여도 좋을 것이다.

여기서 화곡류(禾穀類)의 경우를 생각하며 재배형의 성립과정을 재현하면서, 재배형은 인간의 무의식적인 행위에 의하여 성립되었다고 보는 근거에 대하여 살펴보기로 하자.

인간은 산과 들에 자생하고 있는 식물의 종자를 채취하여 주거지의 주위에 파종하고 관리한 행위의 동기는 여러 가지라고 생각된다. 아마도 어떤 우연한 사건으로 인간은 밭에 파종하는 행위를 반복하게 되었을 것이다. 우리들은 맥류 등의 야생식물을 밭에 재배하면 자생지보다 생산성이 높아지는 일을 자주 경험하게 된다.

선사시대 사람들도 이용하고 남은 것을 주거지 주변에 버리는 동안 토양은 비옥하게 되고 버려진 종자에서 자생한 식물이 야생종보다 우수한 식물로 자라나는 것을 알게 되었을 것이다. 또한 채집할 때 야생식물이 성숙되면 종자나 과실이 쉽게 떨어지는 것도 관찰하였을 것이며, 가능하면 가까이에서 관리하는 방법을 생각하게 되었을 것이다. 이와 같은 것도 종자를 파종하여 재배하기 시작한 하나의 동기라고 생각된다.

한편 파종 행위의 반복은 같은 식물 간에 발아력의 경쟁을 유도하여 발아가 빠르고 강세인 것이 기계적으로 선발되는 결과를 만들었을 것이다. 이때는 대립종일수록 유리하며, 야생 상태에서도 다른 식물과의 경합으로 이 같은 성질은 필요할 것이다. 그러나 발아가 빠르고 강세인 것만이 반드시 필요한 것은 아니다. 때로는 다른 식물과의 균형 면에서 발아가 늦고 그다지 강하지 않은 편이 유리한 경우도 있다.

그러나 밭과 같은 재배 조건에서는 같은 종 내의 경쟁이므로 선발되는 것은 발아가 빠르고 강세인 것으로 쉽게 귀결된다. 또한 앞에서 설명한 것과 같이 야생형은 휴면성과 그 다양성이 필수 조건이다. 종자는 땅에 떨어져 발아할 때까지 적당한 휴면으로 생육에 적당한 조건을 획득할 때까지 기다린다. 더구나 휴면기간이 같다는 것은 오히려 불리하여 해에 따라서는 예년과 다른 건습 및 기온의 변화 등으로 환경조건의 변화에 대응하는 휴면성의 폭넓은 변이를 갖는 편이 바람직하다. 그러나 일정한 시기에 실시하는 파종의 반복 행위는 휴면성의 변이 폭을 좁혔으며, 더욱이 언제든지 파종이 가능한 휴면성이 없는 방향으로 유도되는 결과가 된다.

중근동(中近東)에서 재배하는 보리의 대부분은 어느 정도의 휴면성을 가지고 있으나, 에티오피아에서 재배하는 보리는 휴면성이 없다. 그것은 에티오피아에 새로운 작물로 도입된 이후, 한결같이 수확 직후의 보리를 양조용 맥아로 이용한 결과라고 도 한다.

밭에 재배하여 매년 같은 시기에 수확한다는 행위는 성숙기 의 다양성을 축소시킨 것이다. 그 밖에 자연계에서는 종자가 여물면 쉽게 떨어지는 형질이 유리하며, 종자의 탈립성(脫粒性) 은 비교적 단순한 1~2개의 유전자에 의하여 지배되고 있기 때 문에 돌연변이에 의하여 쉽게 비탈립성으로 변할 것으로 생각 된다.

우연한 일로 수확이 늦어졌을 때, 인간은 대부분의 종자가 떨어진 중에서도 탈립되지 않은 이삭을 수만 개의 이삭 중에서 쉽게 찾아내게 될 것이다. 그 결과 재배에 유리한 비탈립성인 개체가 얻어지게 된다.

실제로 미국의 유전학자인 할런(Harlan)은 화본과의 야생종을 재배하여 수확을 늦추는 단순한 방법으로 비탈립성인 종자를 얻어냈다. 또한 일본의 유전학자인 오카(岡彦一)는 아시아가 기 원인 재배벼의 선조종을 밭에 뿌리고 수확하는 행위를 5년간 반복하여, 기계적으로 재배하는 재배압만으로 야생종의 2~3개 의 형질이 재배형으로 변화해 가는 경향을 관찰하였다.

앞에서 설명한 것과 같이 화곡류의 종자 크기, 휴면성, 숙기, 탈립성 등 야생형과 재배형의 현저한 차이는 인간의 의식적인 도태보다 오히려 재배화로 인한 생태적 환경조건의 변동에 따 른 무의식적인 수단에 의하여 생긴 것이다. 이 밖에 재배형으 로 유리한 착립수의 증가나 피성(皮性) 그리고 부속물의 소실 등도 무의식적인 수단에 의하여 자연히 획득된 것이다.

물론 인간의 의식적인 선발이 전혀 없었던 것은 아니다. 화곡류의 원시농경에서는 이삭 단위의 선발이 이루어졌음에 틀림없다. 밭에서 좋은 이삭을 보면, 인간은 당연히 그 이삭의 종자를 파종해 보고 싶은 욕망이 생길 것으로 생각된다. 이 좋은 이삭은 이삭 외의 형질이 다양하여 때로는 무의식적인 도태 방향과는 반대일 가능성도 있다.

여러 가지 농경 형태와 생태적 환경조건에 대응하는 과정에서 이삭 단위의 선발은 많은 품종을 성립시키는 실마리가 되었을 것이다. 맛, 색깔, 향기, 함유물질 및 특수한 용도 등에 대한 의식적인 도태가 작용하여 보다 많은 품종의 분화를 가져왔다.

이삭 단위의 의식적인 선발은 틀림없이 작물의 안정된 생산성에 대한 총괄적인 평가였을 것이다. 한편, 이삭 단위의 선발은 밀과 보리 등은 대립종자로, 옥수수 등은 소립종자로 각각 작물에 따라 일정한 이삭 형태를 갖는 재배형의 체계가 성립되었다고 말할 수 있을 것이다.

따라서 현재의 일정한 이삭 형태는 각 작물이 걸어가야만 할 운명이라고만은 말할 수 없을 것이다. 예를 들어 옥수수가 다른 평가기준으로 선발되었다면 기존의 것과는 다른 방향을 거쳐 지금의 것과는 다른 이삭 형태를 가졌을 것이다. 이와 같이 생각하는 것은 결코 무모한 것이라고 생각하지 않으며, 인간은 적극적인 의식을 가지고 현대 지식을 구사하여 야생에서 재배로 그 전환 작업에 도전하면 한층 더 훌륭한 작물을 만들어 낼 수도 있다고 생각된다.

2. 잡초의 공과 죄

잡초라고 하면 인간의 생활이나 밭작물에 해롭다든가, 아니면 유용하지 못한 식물을 일반적으로 상상하게 된다. 그러나 잡초라는 것은 진정한 의미의 야생 상태의 것이 아니고, 길가나 밭이나 내버려진 밭 또는 주거지의 주변과 같은 인간이 어떤 형태로든 관계하였던 장소에서 생육하는 모든 식물의 호칭이라고 말할 수 있다.

따라서 잡초는 일반적으로 야생형과 재배형의 중간형질을 나타내며, 탈립성과 휴면성 등은 야생 성질을 가지고 있는 반면, 초장(草丈)과 초형(草型) 등은 외견상 재배형의 의태(擬態)라고도 할 수 있는 형태를 하고 있다. 이와 같은 잡초형의 형질에 대하여 생태학적 입장에서 보면, 재배형은 직접 야생형에서 유래한 것이 아니고 잡초형의 단계를 거쳐 성립되었으며, 잡초형의 단계를 거칠 필요성이 있다고 하는 견해도 생겨난다. 그리고 야생형→잡초형→재배형의 과정을 거친 좋은 예로는 호밀이나 재배종 귀리의 성립기구가 종종 인용되고 있다.

호밀이나 귀리는 처음 야생종이 밀밭에 침입하여 잡초가 되었고, 그 후 밀의 수반작물로 세대를 거듭하는 동안에 진정한 의미의 재배종이 되었다고 보고 있다. 특히 호밀이 재배화된 초기에는 일반적으로 밀과 혼작하는 형식이 취해졌으며, 호밀의 이름에도 남아 있다. 혼작 근거의 하나로 다음과 같은 것이 판명되었다.

중근동 및 유럽의 밀계통은 호밀과 혼작하여 왔기 때문에 잡종이 생기기 어렵다. 즉 밀과 호밀 사이에는 교잡친화성이 대단히 낮다. 타가수정하는 성질을 가진 호밀은 개화기에 많은 화분이 비산(飛散)한다. 때문에 밀은 호밀과의 자연잡종이 많이 생길 것으로 쉽게 추정된다. 그러나 잡종식물은 종자가 생기지 않기 때문에 잡종 1대로 소멸되고 만다.

이와 같은 반복에도 불구하고 살아남은 밀은 호밀과의 교잡 친화성이 낮은 계통만을 선발한 결과가 되었다. 따라서 현재 중근동 및 유럽의 밀은 호밀과의 교잡친화성이 매우 낮다. 이와는 반대로, 별도로 전파되어 오래전부터 단작의 형식을 취해 온 동양에서는 밀과 호밀의 교잡친화성이 매우 높다.

그러나 야생형과 재배형만 존재하고 잡초형이 존재하지 않는 작물들은 잡초형의 단계를 거치지 않고 야생형에서 직접 재배형으로 전환되었을 가능성이 있다.

예를 들면 마카로니 밀(4배성 밀)은 지금도 야생종이 존재하고 있으나 잡초형은 존재하지 않는다. 두줄보리처럼 야생형과 잡초형이 존재하는 것도 있으나 서로는 현저한 차이가 있다. 잡초형의 여러 가지 형질은 재배형으로 진행되는 이행형으로 생각되는 것이 아니고 잡초형의 독자적인 형질로 간주되는 것이다. 따라서 야생형에서 재배형과 잡초형이 별개로 성립되는 경우도 생각할 수 있다.

또한 자운영이나 유채처럼 재배되었던 역사가 있는 것이 후에 잡초형이 된 것도 있으며, 이것은 진정한 의미의 재배형으로 완성되지 못하고 반재배형의 특성이 잡초로 되었다고 보는 것이 타당할 것이다. 호박이나 토마토가 가끔 쓰레기장에 자생하고 있는 것이 보이나, 이것은 장차 잡초형으로 될 가능성보다는 여러 가지 점에서 적응성이 없어 언젠가는 소멸될 것으로 보아야 한다.

그 이유는 야생형, 잡초형, 재배형이라는 것은 각각 특유의 유전자군이 견고히 연쇄되어 있어 쉽게 파괴할 수 없는 것으로, 이 유전자군의 연쇄로 각각 다른 생태적 적응이 확립되어 있기 때문이다. 실험하여 보아도 이들 3자 간의 잡종자손은 결국 각각의 형태로 낙착되며, 결코 새로운 형태의 식물은 생기지 않는다.

다만 특이한 예로 야생형과 재배형의 잡종자손에서 잡종형이 성립되었다는 보고가 없는 것은 아니다. 캘리포니아에 분포하는 무의 잡초형은 재배형 무와 유럽에서 들어와 미국에 귀화한 야생종과의 종간잡종에서 기원하였다고 한다. 멕시코 및 과테말라 옥수수밭의 잡초인 테오신트는 옥수수와 옥수수의 근연종인 트립사쿰 속의 어떤 종과의 속간잡종에서 기원한다고 한다.

이상과 같이, 야생형에서 직접 재배형으로 되는 과정에서 농경이라는 생태적 조건에 적응성을 갖는 것이 간혹 재배식물로 되며, 그 중간에 잡초형의 단계를 반드시 거친다고 할 수 없는 것은 오히려 그 과정에서 기계적인 재배압과 인위적인 도태압이 얼마나 크게 작용하였는가를 말해주는 것이라 하겠다.

또한 우발적으로 재배식물에 수반된 식물이 잡초형의 형태를 확립하고 그 후 2차적으로 재배형이 되기도 하고, 또는 진정한 의미의 잡초로 안정되기도 하는 등 그 과정은 여러 가지이며 식물에 따라 그 과정은 동일하지 않다. 이와 같은 차이가 생기는 이유를 구명하는 것은 이후 야생종을 이용하여 재배식물을 육성할 때를 위하여 반드시 필요한 것이나 현재까지는 분명하지 않다.

야생형에서 직접 재배형이 성립한 작물을 1차식물(Primary Crop)이라고 하며, 잡초형을 거쳐서 재배형이 성립한 작물을 2차작물(Secondary Crop)이라고 한다. 1차작물의 대표적인 예로는 밀, 보리, 벼, 면화, 대두, 옥수수, 감자 등이 있으며, 2차작물에는 귀리와 호밀이 있다.

진정한 잡초이며 수반작물에 지나지 않는다고 생각되는 것으로 실은 재배식물의 기원 내지는 진화에 크게 기여하기도 하고 현재까지도 부단히 진화가 이루어지고 있는 잡초군에 대하여 소개해 보기로 하자.

밀의 기원에 관여한 'Aegilops Squarrosa'는 주로 아프가니스탄과 이란, 코카서스의 건조 지대에 자생하는 야생종이며, 코카서스와 이란에서는 밀밭의 잡초로 알려져 있다. 이 잡초형은 야생형의 일반적인 특성인 눕는 성질이라든가 키가 작다든가 하는 특성과는 대조적으로 밀처럼 직립하고 키가 커 서로는 명확한 차이가 보이며, 야생형과 잡초형으로 완전히 분리 확립되어 있다.

한편, 밀의 야생종이 현존하지 않는 것으로 보아 아마도 다른 하나의 선조종인 마카로니 밀(Triticum Durum)은 야생종이 아니고 재배종이었다고 생각된다. 마카로니 밀과 마카로니 밀밭의 수반작물이었던 잡초형 'Aegilops Squarrosa' 사이에서 자연교잡이 일어나고, 이 잡종식물에서 밀이 기원되었던 것이다.

또한, 옥수수 밭의 잡초인 테오신트는 옥수수와 자주 잡종식물을 만들며, 그 잡종의 자손에 테오신트의 유용유전자가 도입되어 옥수수가 생겨났다. 적어도 테오신트는 지나온 3000년간 생산성이 높은 옥수수 계통의 성립에 크게 기여해 왔다. 지역마다 양자의 형질을 조사하여 보면, 현재도 서로는 평행적인 변이를 보이는 점으로 보아 유전자의 도입과 교환이 항상 일어나고 있는 것으로 보인다. 이들 잡종은 언제나 옥수수의 변이가 다양하게 되는 요인이 되며, 테오신트는 옥수수의 유전자 공급식물로서 불가결한 것으로 여겨왔다.

현재 테오신트는 옥수수밭에 한정된 잡초형뿐이며 야생종의 자생지가 보이지 않는 점으로 미루어 보아, 재배관리의 방법에 따라서는 멸종할 위험이 있으므로 조직적인 보호 또는 인위적으로 옥수수의 육종체계에 이용할 필요가 있다.

이상과 같이, 'Aegilops Squarrosa'나 테오신트가 보여주듯 잡초형의 성립이 없었으면 현재의 밀이나 옥수수와 같은 재배식물의 기원 혹은 생산성이 높은 재배식물의 진화는 없었을 것이다. 물론 잡초는 공헌도 많이 했지만, 한편으로는 재배식물의 품질에 좋지 않은 영향을 가져다주는 커다란 장애도 있었다. 재배벼와 재배벼의 수반작물인 'Spontanea' 사이에는 쉽게 잡종이 생기며, 그 결과 재배벼의 품질을 저하시키는 원인이 되고 있다. 이 잡초의 분포지역인 동남아시아에서는 이것을 퇴치하는 것이 쌀의 품질과 생산량을 확보하는 중요한 문제이다.

II. 연구의 발자취

1. 초기—드캉돌과 다윈

재배식물의 기원에 대한 연구는 19세기 후반부터 시작되었다고 할 수 있다. 드캉돌(A. DeCandoll)은 1883년 『재배식물의 기원』이라는 대저서를 세상에 내놓았다. 드캉돌은 1806년 프랑스 파리에서 태어나, 1893년 모국인 스위스 제네바에서 운명한 스위스의 식물학자이다. 그는 문명에서의 재배식물의 위치에 대하여 연구하였으며, 재배식물의 기원에 대한 연구의 중요성을 언급한 최초의 학자이다.

그가 취급한 재배식물은 294종에 이르며, 연구한 방법은 식물학을 중심으로 고생물학, 역사학, 고고학, 언어학 등 광범위한 분야를 대상으로 하였다. 또한 그는 재배식물의 기원에는 이와 같이 광범위한 분야가 필요하며, 더구나 병행하여 연구해야 비로소 재배식물의 기원이 해명된다고 하였다. 최근에 와서야 자연계에 존재하는 유용유전자의 탐색과 보존의 필요성이 인식되었지만, 그는 벌써 저서의 서론에서 소멸과정에 있는 몇 개의 식물을 지적하였다.

드캉돌은 재배식물의 기원연구 분야의 창시자이며, 오늘에 이르기까지 그의 저서를 능가하는 것이 나오지 않을 정도의 저명한 저서를 완성하였다. 이것은 드캉돌의 위대함을 말해주는 한편, 재배식물의 기원에 대한 연구는 많은 학문의 영역을 필요로 하기 때문에 그 해명은 그만큼 어렵다는 것을 말해주는 것이기도 하다.

한편, 영국의 생물학자인 다윈(C. Darwin)은 1859년 『종의 기원』을 출판하였다. 1868년 『사육 동식물의 변이』를 출간하였고, 재배형의 기원에 대한 문제를 제기하였다. 재배식물 기원의 첫 단계는 야생형에서 재배형으로의 전환에서 시작된다고 보았으며, 그의 논문은 첫째, 야생에서 재배과정의 원동력이 되는 새로운 유전자형에 대한 각 기관의 경향 둘째, 변이의 인위적 도태효과 등을 인식시키는 것으로 재배식물의 기원연구에 매력을 갖게 하는 논설이다.

드캉돌과 다윈 두 사람에 의하여 재배식물의 기원탐구에 대한 주된 노선이 19세기 후반에 확립되었다고 하여도 좋을 것이다.

2. 선조종과 세포유전학

1900년 멘델(G. J. Mendel)의 유전법칙이 재발견됨에 따라 유전학은 급속한 발전을 보이게 되었다. 이것은 재배식물의 기원에 대한 연구에도 새로운 분야를 개척하는 원동력이 되었다.

드캉돌 시대의 식물학의 연구수단은 한결같이 형태에 근거하는 분류학과 지리적 분포에 의존하는 것이었지만, 세포유전학의 발달은 유전학의 모든 법칙을 세포핵의 본체인 염색체의 행동으로 그 설명이 가능하게 하였다. 또한 세포유전학의 발달은 재배식물과 근연식물과의 잡종 그리고 그 자손의 염색체 행동으로 식물 간의 유연(類緣)관계 규명을 가능하게 하여 재배식물의 선조종을 규명해 내는데 많은 역할을 하게 되었다.

특히, 1930년 기하라(木原均)는 밀과 그 근연식물의 세포유전학적 연구로 게놈의 개념과 게놈분석법을 제창하여, 재배식물의 선조종 규명에 체계적인 연구방법을 확립하였다. 이 연구방

〈표 1〉 주요 재배식물의 염색체수와 배수성

재배식물명	체세포의 염색체수	기본수	배수성
1립계 밀	14	7	2배체
마카로니 밀	28	7	이질 4배체
빵밀	42	7	이질 5배체
보리	14	7	2배체
벼	24	12	2배체
옥수수	20	10	2배체
고구마	90	15	동질 6배체
감자	48	12	동질 4배체
담배	48	12	동질 4배체
아시아 목화	26	13	2배체
신대륙 목화	52	13	이질 4배체

법은 기원에 관여한 선조종과 그 과정을 규명하는 실증적인 방법이 되었다. 기하라와 그 밖의 연구가들은 이 방법으로 밀, 담배, 목화, 유채 등 재배식물의 기원을 규명하는 데 성공하였다.

여기서 게놈의 개념과 게놈의 분석법을 간단히 설명해 두기로 하자(표 1).

생물은 종마다 일정한 수의 염색체를 가지고 있다. 같은 종의 개체들은 보통 같은 수의 염색체로 되어 있다. 그러나 종이 다르면 염색체수가 꼭 같은 것은 아니다. 염색체수의 변이는 근연식물 간에 어떤 규칙성이 보이는 경우도 있으며, 언뜻 보아 아무런 규칙성이 보이지 않는 경우도 있다. 어느 경우나 종은 고유의 기본수와 관계있는 염색체수를 가지고 있다. 이들 염색체 중에는 각 형질의 발현에 관여하는 유전자군이 포함되어 있으며, 생활의 기본단위로 되어 있다. 이와 같이 하나의 생물형을 나타내며 생활 기능을 완성하는 데 없어서는 안 될 최소한의 유전자군을 게놈이라 부른다. 따라서 게놈이라는 것은 세포학적으로는 종에 따라 일정한 기본수로 되어 있는 1조(組)의 염색체로 대표되며, 한 게놈 내의 각 염색체는 동일 유전자군을 가지는 염색체(상동염색체)의 중복은 없다. 또한 그중 한 개의 염색체가 없어도 생활 기능에 중요한 영향을 받는다.

하나의 게놈을 A로 나타내면 생물은 2개의 게놈, 즉 AA를 가지며, 성숙분열로 배우자가 만들어질 때는 균등히 나뉘어져 게놈 A가 된다. 하나의 A게놈을 가진 배우자 간에 결합이 이루어지면, 또다시 AA게놈을 가진 생물이 된다. 이와 같이 A게놈을 가진 생물 간에는 정상적인 자손을 유지해 나가게 된다. 그러나 같은 종류에 속하는 생물 중에는 진화과정에서 A게놈의 각 염색체에 위치하는 유전자의 구성과는 다른 염색체로 구성되어 있는 것도 있다. A게놈의 염색체와 상동이 아닌 비상동인 염색체로 구성되어 있기 때문에 A게놈과는 다른 B게놈을 가진 것이라 부르게 된다. 상동염색체로 구성된 2개의 게놈을 가진 생물은 성숙분열에서 상동염색체 간에 정상적인 대합(접합이라고 부르기도 한다)과 분리가 일어난다. 이때 대응하는 상동염색체 간에 서로 염색체가 교환되어도 배우자는 생식력을 상실하는 일이 없다.

이와는 반대로 비상동염색체로 구성되어 있는 서로 다른 게놈인 AA와 BB를 가지는 생물 간에서 생긴 잡종(게놈구성 AB)의 성숙분열은 상동염색체가 존재하지 않기 때문에 대합이 이루어지지 않는다. 그 결과 성숙분열에서 생활의 기능 단위인 완전한 게놈 A 혹은 B를 가진 배우자로 분리될 가능성은 거의 기대할 수 없으며, 따라서 모든 배우자는 죽어버리는 생식불능의 배우자가 된다.

이러한 현상을 이용하여 게놈의 상동성 여부를 분석하는 것은 생물 간의 근연관계를 추정하는 척도가 된다. 이미 설명한 것과 같이 같은 종류의 생물 중에는 2개의 게놈을 가지는 2배성 식물 외에 3개 이상의 게놈을 가지고 있는 것도 있다. 이런 경우, 염색체수가 배수관계로 되어 있으면 배수성 생물이라고 한다. 이때 같은 게놈으로 구성되어 있으면 동질배수체라고 하고, 다른 게놈으로 구성되어 있으면 이질배수체라고 한다. 게놈 단위로 분석하여 어떤 생물의 게놈구성을 구명하는 방법을 게놈분석법이라 한다.

게놈분석으로 종간의 관계를 규명하고 이를 기초로 세포학적 분류체계를 완성하는 것은 재배식물의 성립에 관여한 선조종을 규명하는 데 하나의 중요한 수단이 된다. 특히 재배식물이 배수체인 경우에는 게놈분석법으로 추정된 선조종을 교잡하여, 재배식물을 인위적으로 재현하여 실증하는 것이 가능하다. 이미 설명한 바와 같이 선조종의 탐색에는 게놈분석법이 가장 유효한 수단이 된다.

3. 유전자중심설과 그 논쟁

여러 재배식물의 발상지 결정에 대한 저명한 업적은 러시아의 식물학자인 바빌로프(N. I. Vavilov)와 그 일파에 의하여 이루어졌다. 그들이 이용한 발상지의 결정방법은 식물지리적 미분법으로 불리고 있다. 1928년 바빌로프는 집단의 유전적 변이성은 종의 중심지역인 발상지에서 한층 높다는 일반론을 제창하고 이 방법으로 재배식물의 발상지를 결정하는 데 성공하였다.

그 방법은 우선 식물학적 명명법의 학명으로 작물을 속과 종으로 분류하고, 나아가 같은 종을 변종까지 작게 구분하여 지역별로 변종수를 조사하였다. 그리하여 변종수가 가장 많은 지역을 그 작물의 발상지라고 하였다. 변종이라는 것은 약간의 유전자변이에 기인하는 것으로, 이러한 중심지는 유전자가 가장 많이 집적된 지역으로 간주된다. 따라서 이러한 곳은 유전자의 중심지로 불린다. 중심지에서 멀어질수록 단위면적에 대한 변종수는 감소하며, 더욱이 중심지에는 원시형인 우성유전자가 많이 존재하고, 중심지에서 멀리 떨어진 지역에서는 열성유전자가 많이 발견된다고 생각하였다. 그러나 중심지에서 점점 멀리 전파됨에 따라 어떤 때는 다른 지역에도 변이가 집적될 가능성이 있다. 이러한 경우 발상지를 1차 중심지라고 하였으며, 또다시 변이가 집적된 지역을 2차 중심지라고 하였다. 이러한 우성유전자의 많고 적음으로 1차 중심지와 2차 중심지의 구별이 가능하다고 하였다.

유전자 중심설에 근거한 발상지에 대한 가설은 밀과 보리 등 2~3작물에 적용되어, 이와 같은 생각의 타당성을 실증하였다. 더욱이 바빌로프는 12년에 걸쳐 세계 각지를 탐험하고, 구체적인 유전자의 지리적 분포자료를 수집하여 이 가설에 잘못이 없음을 확신하였다.

38

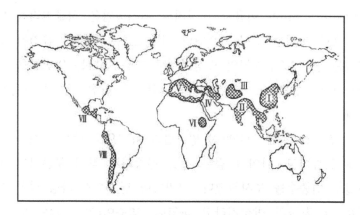

〈그림 1〉 바빌로프(1951)에 의한 재배식물 기원의 8대 중심지

또한, 이와 같은 결과를 종합하였을 때 많은 재배식물의 변
이 중심지는 어떤 특정지역에 한정된다는 사실이 밝혀지게 되
었다. 즉, 농경이 지극히 오래전부터 이루어지고, 더구나 민족
의 부단한 이동이나 식민지의 개척 등으로 교류가 있었음에도
불구하고 다양성의 중심지가 한정되어 있다는 사실을 알게 되
었다. 이를 근거로 재배식물의 5대 중심지를 설정하였으며, 그
후 〈그림 1〉에 나타낸 것과 같이 8대 중심지로 개정하였다.

(I) 중국(중앙 및 서부중국의 산악 지대와 주변의 저지대)…메밀, 콩,
   팥, 배추 등의 엽채류, 복숭아

(II) 인도(북서인도 및 펀자브를 제외한 지역, 단 아삼과 미얀마 포함)…
   벼, 가지, 오이, 참깨, 토란

(II-a) 인도-말레이(말레이, 자바, 보르네오, 수마트라, 필리핀 및 인
   도차이나)…바나나, 사탕수수, 야자

(III) 중앙아시아[펀자브, 카슈미르를 포함하는 북서인도, 아프가니스탄,
   구소련령 타지키스탄과 우즈베키스탄 및 톈산(天山)산맥의 서부]…

　　잠두, 양파, 시금치, 무, 서양배, 사과, 포도

(Ⅳ) 근동아시아(소아시아, 코카서스, 이란 및 카스피해 동남의 산악 지대)…
　　밀, 마카로니 밀, 보리, 귀리, 당근

(Ⅴ) 지중해지역…완두, 양배추, 양상치, 사탕무, 아스파라거스,
　　아마, 올리브

(Ⅵ) 아비시니아(에리토리아고원 포함)…수수, 오크라, 커피

(Ⅶ) 남부 멕시코와 중미(서인도제도 포함)…옥수수, 강낭콩, 호박,
　　고구마, 피망

(Ⅷ) 남미(페루, 에콰도르, 볼리비아)…감자, 목화, 담배, 서양호박,
　　고추, 토마토, 리마콩, 땅콩

(Ⅷ-a) 칠레의 칠로에섬…딸기

(Ⅷ-b) 브라질, 파라과이…파인애플

　　앞의 중심지들은 북위 20~40도 사이의 히말라야산맥, 힌두쿠시산맥, 근동의 산맥, 발칸산맥, 아펜니노산맥, 안데스산맥과 같은 산악 지대에 가까운 곳이며 띠와 같은 모양을 이루고 있다. 또한 구대륙은 횡으로 띠와 같은 모양을 이루고 있고, 신대륙은 종으로 띠와 같은 모양을 이루고 있어 어느 경우나 큰 산맥의 방향과 일치하고 있음도 명백히 하였다.

　　한편 유전적 다양성의 중심이 그 재배식물의 발상지라는 바빌로프의 주장은 흥미 있는 문제로 커다란 반응을 불러일으켰다. 예를 들면 일반적으로 산악 지대에 변이가 집중되어 그곳에서 중요한 재배식물이 기원되며, 하천유역이 발상지인 재배식물은 없다는 것과 특히 모든 재배식물은 일원적으로 기원되어 그 지역에서 다른 지역으로 전파되었다는 생각이다. 유전자

의 다양성으로 발상지를 추정할 때, 안정된 환경조건을 가지는 하천유역보다는 다양한 요소를 가지는, 더구나 환경조건이 심한 변화를 보이는 산악 지대가 발상지가 되는 것은 너무나 당연하다. 재배식물이 어느 특정 지역에서 기원되어, 그 지역에서 모두 전파되었다고 하는 생각은 독일의 인문지리학자인 라첼(F. Ratzel)의 「같은 발명은 각 지방에서 평행하여 일어나는 것이 아니고, 전파에 의한 것이다」라는 전파이론과 같은 것이다.

따라서 바빌로프의 이러한 사고방식은 생물학적 변이는 새로운 환경으로 전파됨에 따라 일어난다는 다윈과 같은 생각을 가진 사람들에게는 받아들여지지 않는 문제였다. 바빌로프는 2차 중심지와 같이 경우에 따라서는 그와 같은 변이의 집적을 인정하고 있으나, 일반적으로 본래의 지역과는 환경이 다른 지역에서는 그 지역에 적응할 수 있는 유전자군은 한정되어 버린다는 기본적인 신념을 가지고 있었다. 바빌로프의 유전자중심설이 제안된 이후, 이와 같은 논쟁은 현재까지 계속되고 있다.

미국의 할런(Harlan)은 앤더슨(Anderson)의 침투교잡에 대한 생각(식물은 근연인 속간 내지는 종간에 교잡이 일어나며, 잡종에는 양친의 유전자가 각각 도입되어 새로운 유전자의 구성을 가지는 자손이 출현한다)을 적용하였다. 따라서 재배식물의 성립에 큰 역할을 한 것은 결국 1차 중심지보다는 오히려 전파과정 중 타지역에서 근연식물과의 교잡에 의한 것으로, 그 결과 더욱 비약적인 종이 형성된다는 확산기원(Diffuse Origin)의 중요성을 역설하였다.

할런의 주장은 다른 식물로부터의 유전자 도입은 그 식물을 새로운 환경조건에 적응하게 만들며 더구나 넓은 지역에 재배가 가능하게 하는, 재배식물의 지위를 확보하는 데 있어 손쉽게 취할 수 있는 필요한 수단이라고 생각된다. 실제로 밀이나 옥수수가 재배종으로 진화하는 데 많이 적용된 사실로도 증명되고 있다.

또한 허친슨(Hutchinson)은 작물의 번식방법은 변이의 전파를 결정하는 중요한 요인으로 바빌로프가 말하는 주변지역의 변이성 감소는 자가수정에 의한 것으로 자식성 작물에서만 보이는 현상이며, 타가수정하는 타식성 작물이 전파해 가는 과정에서는 변이성의 감소가 없다고 하였다. 그러나 그는 아마도 타식성 작물은 언제나 같은 집단 내에서 잡종이 생기기 때문에 유전자의 다양성은 지속된다고 생각하였을 것이나, 발상지와 다른 환경조건에 적응이 가능한 것은 특정한 것에만 한정된다. 타가수정을 지속하는 한, 간혹 전파지역에 적응한 유전자군이 성립되었다 하여도 그것을 유지한다는 것은 곤란하며, 타식성 식물이 넓게 분포한다는 것은 불가능할 것이다.

따라서 부적당한 환경조건에 적응할 수 있는 유전자군을 항상 유지하기 위해서는 자식성으로 돌연변이를 일으킨 계통 중에서 선택될 필요가 있을 것이다. 예를 들면 호밀은 코카서스 지역을 발상지로 하는 타식성 작물로 생각되고 있으나, 발상지로부터 제일 먼 아프리카 대륙의 남단에 분포하는 야생종은 자식성 식물이다. 이와 같은 현상은 본래의 분포지보다 상당히 심한 환경조건에 적응할 필요가 있으며, 또한 적응할 수 있는 계통은 제한된 유전자군으로 구성되지 않으면 안 된다는 것을 나타내고 있다.

앞의 반론은 바빌로프의 주장이 기원에 대한 문제를 일원적으로 생각한다는 점에 대한 비판으로 볼 수 있다. 또한 이 반론은, 재배식물에 포함되는 모든 종이 흡사 연못에 던진 하나의 돌에 의하여 물결이 주위로 전해지듯, 모든 변이도 중심지에서 기원된다는 생각에 빠져들기 쉬운 경향에 대한 경고라고도 할 수 있다.

다음으로 바빌로프의 방법을 적용함에 있어 특히 유의해야 할 것에 대하여 언급해 보기로 하자.

현대는 지역 간의 교류가 빈번하게 일어나고 있으며, 재배관리법의 발달과 인위적인 환경개선 및 품종개량 등으로, 각 지역의 자연환경 특이성에 대한 재배품종의 의존도는 극히 낮아졌으며 어떤 품종이라도 어느 정도는 재배가 가능하게 되었다.

한편, 인간의 강한 선발이 작용하여 재배가 가능한 지역에서는 품종들이 균일하게 되어가는 경향이 있다. 따라서 조사대상이 되는 품종의 내력, 즉 지역의 고유계통과 도입계통의 유별 그리고 소멸된 고유계통의 정보 등을 생각할 필요가 있다. 오히려 야생형에서 재배형으로 순화된 지역을 발상지로 보는 개념에 비중을 두어 재배식물의 근연 야생종에 대하여 지리적 분포를 규명하고, 바빌로프와 같은 방법으로 그 결과를 충분히 고려하여 발상지를 규명할 필요가 있다.

호소노(細野重雄)는 밀류의 지리적 분포에 대하여, 많은 연구자의 기록을 총괄하여 종마다 변종의 분포빈도를 조사하고 검토하여, 각 종의 발상지에 대하여 바빌로프와 같은 결과를 얻었다.

여기서 밀에 대하여 언급해 보자. 〈표 2〉는 아시아만의 분포를 나타냈으며, 유럽과 그 외 지역을 포함하여 검토해 보면 코

〈표 2〉 아시아에 있는 빵밀의 변종수

지역	변종수	지역	변종수
팔레스티나, 시리아	7	아프가니스탄	63
이라크	16	인도	35
터키	46	파미르	34
코카서스	62	몽고	39
이란	56	중국	26
투르키스탄	81	일본	4

카서스, 이란, 터키, 아프가니스탄 등 연속된 4개 지역에 제일 많고, 이 지역에서 멀어짐에 따라 변종의 수가 감소한다. 일본에는 많은 변종이 있으나, 분류학적 단위로는 모두 네 가지에 속하며 현저한 변이는 없다고 판단된다. 투르키스탄에 제일 많이 분포하기 때문에 이 지역이 발상지라고 하는 데는 의문이 있다. 6배성 밀의 기원에 관여한 4배성 재배밀과 근연 야생종인 'Aegilops Squarrosa'의 분포를 고려해 볼 필요가 있다. 4배성 재배밀은 이 지역보다 서쪽인 메소포타미아 지역이 그 중심이다.

한편, 'Aegilops Squarrosa'의 다양성 중심은 이란이다. 이것으로 보아 재배밀의 발상지는 변종수가 많은 코카서스로부터 이란 지역으로 한정된다. 이 지역을 재배밀의 발상지로 보는 것은 다른 연구에서도 충분한 증거가 있기 때문에, 이와 같은 결론은 타당한 것으로 여겨지고 있다.

4. 발상지를 찾아서

재배식물의 기원에 대한 논쟁은 정의(定義)에 대한 견해차 때문인 경우가 많다. 우선 재배식물의 기원학적 입장에서 문제점을 명확히 해보자.

기원에 관여한 선조종이라는 것은 재배종의 성립에 직접 또는 주동적으로 관여한 야생종이다. 선조종에 대해서는 정의의 견해차로 논쟁이 일어나지 않는다. 그러나 발상지에 대해서는 많은 문제가 일어난다. 문제점은 발상지의 해석 차이이며 연구자에 따라 두 가지로 대별된다.

첫째, 발상지라는 것은 최초에 인간이 이용할 목적으로 재배한 지역을 가리킨다. 따라서 이때는 꼭 재배형으로 완성된 것이 아니고 야생형에 가까워도 재배라는 수단이 행하여진 지역을 발상지로 한다.

둘째, 발상지라는 것은 완전한 재배형이 성립된 지역을 말하며, 대부분의 경우 재배종의 다양성이 제일 풍부한 지역이다. 즉, 바빌로프의 유전자중심설에 따른 발상지로 말할 수 있다.

위의 두 가지 해석 차이에 따른 논쟁의 좋은 예로 재배 토마토의 발상지를 들어본다.

재배 토마토의 발상지는 페루와 멕시코로 두 가지 설이 대립하고 있다. 1883년 드캉돌은 페루설을 제창하였으며, 그 후 페루설은 멀러(Muller)와 럭킬(Luckwill) 등이 지지하였다. 이에 대하여 미국의 젠킨스(Jenkins)는 1948년 멕시코설을 제안하며 반론을 제기하였다. 식물분류학적으로 보아 재배 토마토의 선조종은 현재의 재배 토마토와 종이 같은 케라시포르메(Cerasiforme)

의 야생형임이 모든 연구자들의 일치된 정설이다. 이 야생형을
포함한 토마토 속의 여러 야생종은 페루를 중심으로 북쪽은 콜
롬비아로부터 남쪽은 아르헨티나의 안데스산맥 서쪽 좁고 긴
지대까지 분포하고 있다. 이 지역에는 케라시포르메의 재배형
도 자생하고 있다.

즉, 페루의 서해안 지대에서 순화되었다고 볼 수 있어 드캉
돌 등은 페루설을 제창하였다. 현지에서는 지금도 야생형을 채
취하여 시장에 내다 팔며, 이것을 이용하고 있다. 다만, 보통의
토마토가 아니고 지름이 3㎝ 정도인 작고 각이 진 빈약한 토마
토이다. 과실을 잘라보면, 내부는 두 부분으로 되어 있는 이방
실(二房室)이며 과육이 아주 빈약하다. 과실의 대부분은 종자이
며 교질 상태이다. 이 야생형과 재배형의 차이는 재배형이 어
느 정도 더 크다는 것이다. 우리들이 흔히 보는 훌륭한 토마토
는 최근 다른 지역으로부터 페루에 도입된 것들이다.

한편, 멕시코의 야생종은 다만 케라시포르메 한 가지뿐이며,
멕시코만에 면한 베라크루스 계곡에 자생하고 있을 뿐이다. 그
러나 이 지역에는 빈약한 야생형부터 고도의 재배형까지 현재
우리들이 알고 있는 여러 가지가 자생하고 있다. 과실은 2방실
인 것으로부터 과육이 가득한 다방실의 것까지 변이가 다양하
다. 젠킨스는 이 지역을 상세히 조사하고, 근대에 품종개량으로
육성되었다고 생각되는 품종까지도 포함하여 옛날부터 모든 토
마토가 이 지역에 재래종으로 존재하고 있었음을 확인하고, 맥
시코를 토마토의 발상지라고 제안하였던 것이다.

더욱이 그는 이와 같은 다양성이 생기게 된 원인으로 케라시
포르메의 야생종이 페루에서 멕시코까지 전파되고, 베라크루스

계곡의 천혜의 환경조건과 일찍부터 꽈리를 널리 이용하던 습관(멕시코가 원산인 꽈리에는 여러 가지가 있으며 꽈리 중에는 껍질 있는 토마토라고 불리는 것이 있다. 흔히 우리가 보는 꽈리보다 5배 이상이나 크며, 육류와 함께 쪄서 식용한다)에서 토마토의 야생종을 적극 이용해 오던 중, 오늘날 우리가 재배하는 토마토로 급속히 진화되었다고 설명하였다.

위와 같이 재배 토마토의 발상지는 멕시코이며, 확실한 고고학적 자료는 충분치 않으나 최초로 순화된 발상지는 페루라고 할 수 있을 것이다.

따라서 발상지에 대한 개념은 재배식물이 순화된 지역(순화중심지)과 재배식물로 비약적인 진화가 이루어진 지역(진화중심지)으로, 두 가지 요소를 포함하고 있다. 이 두 개의 중심지가 일치하지 않는 것은 당연히 일어날 수 있는 일이다.

바빌로프가 말한 1차 중심지와 2차 중심지의 개념도 재배형만을 대상으로 하는 한, 같은 지역에서 순화와 진화가 이루어졌을 경우에만 적용되는 것이다. 진화의 중심지를 발상지로 간주하는 생각은 경우에 따라 결정이 곤란하며 바빌로프가 말하는 2차 중심지를 찾을 위험성도 있고, 때로는 하나 이상의 다원적인 발상지를 초래하는 일도 있게 된다. 때문에 순화중심지를 발상지로 간주하는 견해가 반드시 불합리하지만은 않다는 견해도 생겨나게 된다.

그러나 순화중심지의 결정은 단순한 생물학적 해석만으로는 불가능하며, 고고학 및 민족식물학의 연구를 필요로 하기에 많은 어려움이 있음도 분명하다.

이 책에서는 진화중심지를 발상지로 설명하고 있으나, 물론 재배식물로 상당히 진화된 형태의 것이 성립된 지역을 의미하는 것이 아니고, 일반적으로 재배식물로 간주되는 형태의 것이 성립된 지역을 발상지로 보고 있다.

5. 최근의 연구분야

선조종은 게놈분석을 주축으로 하는 세포유전학적 방법으로, 발상지는 식물지리학적 미분법으로 해명할 수 있음이 20세기 전반의 연구로 규명되어 이 분야의 연구가 많이 촉진되었다. 20세기 후반에 들어와서 연대를 결정하는 유효한 방법이 확립되었다. 연대에 대한 지식은 고고학 및 고생물학의 자료에 의한 것이며, 요사이 고민족식물학으로 취급되는 분야에 많이 의존하고 있다. 특히 발굴된 유물의 방사성탄소에 의한 연대측정과 유물의 식물학적 동정으로 재배식물이 기원된 연대에 대하여 중요한 정보가 제공되었다. 유물의 연대측정법으로 개발된 방사성탄소에 의한 방법은 1947~1950년경 리비(Libby)에 의하여 확립된 것으로 그 원리는 다음과 같다.

우주선과 대기상층의 질소에 의해 만들어진 방사성탄소는 산소와 결합하여 탄산가스가 되어 지상으로 내려온다. 그것이 식물의 신진대사로 조직 내에 들어가며, 식물이 고사하면 정지한다. 따라서 발굴된 유물조직 내의 방사능을 측정하면, 신진대사가 정지된 연대를 추정할 수 있게 된다. 측정결과는 보통 B.P.(Before Present)로 나타내며, 서기 1950년을 기준으로 몇 년 전인가를 나타내게 된다. 이 방법에 의한 연대측정은 약 4

만 년 전까지는 신뢰할 수 있는 측정법이다.

이 방법의 확립으로 직접적으로는 재배식물기원의 연대추정이 용이하게 되었으며, 간접적으로는 역사적 과정이나 발상지 그리고 전파 등의 추정이 용이하게 되어 연구가 매우 촉진되었다. 다만 여기에서 중요한 것은 유물이 존재하던 지층의 연대는 추정된다 해도, 유물에 대한 식물학적 동정의 정밀여부가 중요한 열쇠를 쥐고 있다. 식물학적 동정은 화분, 종자, 식물체의 일부 등을 조사하여 탄화된 유물이 어떤 식물인가를 확인하는 것이다.

따라서 동정에 잘못이 있을 경우에는 연대측정이 정확하다 할지라도 무의미하게 된다. 지금의 단계로는 식물학적 분석수단이 확립되어 있다고 말할 수 없다. 화분이나 종자 등의 동정법은 비교적 확립되어 있다고 말할 수 있으나 유물의 분류학적 동정에는 많은 곤란이 있다. 현재로는 발굴된 유물의 식물학적 동정 결과를 인정하고, 결과의 잘잘못을 논의하는 위험성에 충분히 유의할 필요가 있으며, 이후 이 분야의 연구를 기대해 본다.

최근, 재배식물의 기원에 대한 연구방법으로 각광을 받아온 것은 생화학적 방법일 것이다. 1950년을 시작으로 유전현상을 장악하는 유전자의 화학적 조성은 디옥시리보핵산(DNA)임이 확실해졌다. 이와 함께 DNA의 양적 관계 등으로 재배식물의 기원에 관여한 선조종을 추정하는 방법이 개발되었다. 또한 식물체의 조성물질인 단백질이나 아이소자임(isozyme) 등을 분석하는 전기영동법이 비약적으로 발달하여 식물의 계통발생학적 관계를 추정하는 데 새롭고 유용한 방법이 되었다.

DNA는 분자량이 다른 고분자 화합물로 뉴클레오티드라고 부르는 단위화합물의 반복으로 되어 있다. 종의 진화는 DNA의 뉴클레오티드 구조변화에 의한 것이며, 구조변화의 돌연변이는 새로운 단백아미노산 계열의 진화를 나타내며 종의 분화는 단백분자의 상동성 정도를 알아보는 결과가 된다.

단백의 상동성을 결정하는 가장 편리한 방법은 그 이동속도를 쉽게 측정할 수 있는 전기적 부하이다. 이 속성은 단백을 구성하는 아미노산의 조성에서 기인하며, 적당한 물질을 매개로 하여 전기영동법으로 분별할 때, 단백밴드는 종이 가지는 특유한 특징을 나타낸다. 이것은 다른 종과 밴드의 상동성으로 유전적 상이성을 평가하는 방법이다.

밀에 대하여 언급해 보면, 1959년 홀(Hall)이 인위적으로 육성한 트리티케일(호밀과 밀의 잡종에서 유래하는 복2배체식물)의 단백밴드형을 조사한 결과, 트리티케일은 양친인 호밀과 밀의 밴드를 전부 가지고 있음을 알았다. 이 결과로 단백이 진화에 관여한 종의 상동성을 보유하고 있다고 기대하게 되었다.

또한, 1967년 존슨(Johnson)은 두 가지 식물의 단백추출물을 혼합하였을 때, 그 밴드형은 잡종과 같음을 실증하였다. 따라서 교잡실험을 하지 않아도 선조종을 추정할 수 있다는 가능성을 제시하였다. 다만, 이미 선조종이 해명되었을 경우에는 그 유효성을 제시함에 지나지 않으며, 현재 이 방법으로 선조종이 밝혀진 예는 거의 없다. 그 이유는 아마도 전기영동법의 기술적인 문제와 나타나는 밴드의 복잡성에서 야기되는 해석상의 곤란성에 기인하는 것으로 생각되며, 앞으로의 발전에 따라서는 선조종의 탐색에 유효한 하나의 방법이 될 것이다.

앞에서와 같이, 재배식물의 기원을 규명하는 방법은 점차 체계를 갖추어 왔으며 분석의 다양한 필요성은 이미 누누이 설명한 그대로이다. 여기서는 일단 현재의 연구체계를 〈표 3〉에 나타내 보았다. 각 항목의 해설은 생략하며, 뒤에서 설명하는 주된 재배식물의 기원을 설명할 때에 그 방법을 소개하기로 하자.

〈표 3〉 재배식물 기원의 연구방법과 연구사항

연구방법	연구사항
Ⅰ. 생물학적 방법	
a. 세포유전학적 방법	
1. 교잡의 난이도 ···············	선조
2. 잡종의 임성 ··················	선조
3. 게놈분석 ·······················	선조
4. 복2배종의 합성 ··············	선조
5. 세포질 분석 ···················	선조
b. 핵형의 분석법 ··················	선조
c. 유전자의 분석법 ··············	선조
d. 형태의 분석법	
1. 산포도법(散布圖法) ············	선조
2. 외삽법(外揷法) ··················	선조
e. 생화학적 방법	
1. DNA의 양적관계 ············	선조
2. 아이소자임분석 ···············	선조, 전파
f. 식물지리학적 방법	
1. 식물지리적 미분법 ···········	발상지, 전파
2. 근연 야생종의 분포 ··········	발상지, 전파
g. 상호도태적 개념의 분석 ······	선조
Ⅱ. 고고학적 방법	
a. 출토품	
1. 토기 ····························	연대, 발상지
2. 유물(종자, 식물체) ············	연대, 발상지
b. 화분분석법 ·······················	연대, 전파
c. 회상법(灰像法) ···················	선조
d. 방사성탄소의 연대 측정 ······	연대
Ⅲ. 문화사적 방법	
a. 언어학 ···························	발상지, 전파
b. 민족학 ···························	발상지, 전파

Ⅲ. 구대륙 기원의 재배식물

　가장 오래된 문명을 자랑하는 구대륙에서는 중요한 많은 재배식물이 기원되었다. 특히 화곡류와 엽채류 등의 재배식물이 기원되었다. 화곡류로는 밀, 보리, 벼 등의 대립종부터 수수의 소립종까지가 기원되고 있다. 옥수수를 제외한 인류의 기본식량인 화곡류는 모두 구대륙에서 기원되었으며, 밀과 보리는 유럽의 주식으로 벼는 아시아의 주식으로, 그리고 수수는 아프리카의 주식으로 인류 식량의 원동력이 되었다. 또, 중요한 엽채류도 모두 구대륙에서 기원되었다. 이것들이 신대륙에서 기원되지 않았음은 오히려 기이할 정도이다. 그 원인은 자연계의 환경 때문인지, 아니면 민족의 식생활 때문인지 분명하지 않다. 개괄적으로 보면, 구대륙은 화곡류나 엽채류의 자원이 풍부하고 신대륙은 서류나 과채류의 자원이 풍부하다고 말할 수 있다. 그 밖에 과일이나 두류 등은 양 대륙에 걸쳐 있다.

　인류의 기본적인 주식의 위치를 점하고 있는 빵의 주원료인 밀과 밥의 주원료인 벼는 어느 것이나 구대륙에서 기원되었으며, 세계의 주식은 이들로 양분되어 있다. 신대륙의 주식이었던 옥수수나 감자를 먹던 지역까지도 이들 중 어느 한 가지로 대치되고 있는 중이다. 더구나 빵 아니면 밥, 어느 것이 미래의 주식으로 주도권을 장악할 것인가, 이것도 흥미 있는 하나의 화제로 논쟁의 대상이 되고 있다.

1. 빵인가? 밥인가?

필자는 빵으로 생각하며, 그것은 다음과 같은 이유에서이다.

환경조건으로 보아 밭작물인 밀은 논에 의존하는 벼와 비교하여, 물의 요구도가 적으며 건조에 강하다. 밀은 건조한 지대에 적응하는 성질을, 벼는 습윤한 지대에 적응하는 성질을 분명히 가지고 있다. 또한 밀은 건조에 강한 마카로니 밀이나, 습윤한 환경에 잘 견디는 빵밀 등 변이가 풍부하여 폭넓은 적응성을 가지고 있다. 시리아나 요르단의 사막과 같은 건조 지대에서도 많이 재배되고 있을 뿐만 아니라, 오히려 양질의 마카로니 밀이 생산되고 있다.

열대가 기원인 벼는 온도의 요구도가 높으며 일본에서는 7~8월의 평균기온이 섭씨 25도 이하로 내려가면, 동북지방의 냉해와 같이 수확량이 급격히 감소한다.

한편, 밀은 섭씨 0도 이하가 되어도 냉해를 받는 일이 없으며 섭씨 14도 이상이면 경제적인 생산이 가능하다. 적도 지역의 고온에서는 분명히 재배가 부적당하나, 그곳에서도 고지나 고원을 이용하면 재배가 가능하다. 표고로 보면, 중앙안데스 지대에서는 3,500m까지 재배되고 있다. 더구나 출수하기 위하여 생육초기에 저온을 필요로 하는 춘파성, 또는 저온을 필요로 하지 않는 추파성이 있으며 종류에 따라 여러 가지 생리적 특성을 가지는 폭넓은 품종들이 있다. 이와 같은 생리적 특질을 적당히 이용하면, 여러 환경조건에서 재배가 가능하다.

재배관리 면에서 보면, 고온다습한 지대를 주된 생산 지대로 하는 벼는 잡초와 병해충 방제 등 여러 가지 관리를 필요로 하나 건조 지대에서의 밀재배는 비교적 그 필요성이 적다. 근동 사막의 밀재배는 파종할 때와 수확할 때만 밭에 가면 된다고 말할 정도이다. 광대한 사막을 가지는 이라크나 시리아에는 현지 농민 외에 이와 같은 밀 경작자들이 들어오고 있다.

수확과 탈곡, 제분과 도정 등의 노동력은 같다고 하여도 조리된 빵과 밥을 비교해 보면, 취급하기에 편리한 것은 빵이다. 빵은 보관하기도 편리하고 가벼우며 식기도 필요 없다. 재미있는 것은 이라크를 중심으로 널리 이용되고 있는 '난'이라는 빵의 일종이 있다. 난은 얇게 구운 빵이며 극단적으로 말하면, 종이와 같이 얇은 것까지 있다. 조리된 고기나 야채를 난에 올려놓고 난의 가장자리를 떼어 고기나 야채를 싸서 먹는다.

장차 세계의 주식은 밥이 될 것으로 믿는 사람들은 밥에서 빵으로 전환한 지역은 없으나, 빵에서 밥으로 전환한 지역이 있음을 예로 들고 있다. 확실한 밀 생산국인 이란의 카스피해 연안은 완전한 논 지대를 연상시키는 풍경을 이루고 있으며, 대규모의 벼를 재배하고 있다. 이 지역에서는 밥그릇과 비슷한 식기에 밥을 담아 식사하며, 일본의 식사 형태와 별 차이가 없다. 다만 다른 것은 밥 위에 버터를 많이 올려놓고 먹는 것이다. 터키 등 지중해 연안지역에서는 밥을 상당히 많이 먹고 있으나 어디까지나 부식으로 이용하고 있다. 어떤 사람의 계산에 의하면, 쌀을 주식으로 하는 인구는 전 인류의 54%이며, 빵을 주식으로 하는 인구는 34%라고 한다. 또한 밥은 빵보다 맛이 있다고 한다. 확실히 밥은 빵보다 여러 가지 다른 것과 조리된다는 점에서 변화가 많다. 더구나 벼에는 찰기가 있으나 밀에는 찰기가 없다. 그러나 한편으로는 밥이 주식일 때는 물론, 생선초밥처럼 다른 것과 함께 조리하여 먹어도 언제나 주가 되는 것은 쌀이다. 따라서 먹는 것이 쌀에 편중되어 영양 면에서 균형을 잃을 위험이 있다. 더구나 재배관리 면에서도 벼의 재배

는 밀의 재배보다 경비가 더 많이 들기 때문에 소비자 편에서
보면 값이 더 비싸다.

감히 위와 같은 대담한 견해를 밝히며 장차 세계의 식량사정
을 생각해 보면, 지구상에는 아직도 이용하지 못하고 남아 있
는 건조 지대가 많다는 점과 수자원을 생각해 볼 때, 미래의
인류는 빵에 의존하지 않을 수 없을 것이다. 여기서는 주로 화
곡류를 예로 들어가며 기원, 발상지, 연대, 전파 등에 대하여
소개한다.

2. 밀

인류에게 빵을 주고 문명의 발전 실마리가 된 밀은 자연의 예지
라고도 할 수 있는 진수를 모아 실로 오묘하게 성립되었다.

빵, 분식의 대표적 원료인 밀은 기본식량 중에서 가장 오래
된 역사와 많은 인류문화를 키워온 재배식물이다.

1) 밀이란?

밀류는 벼과 밀 속에 속하며 약 22종이다. 이들은 염색체의
수로 보아 3개군으로 나뉜다는 것을 1918년 사카무라(坂村徹)가
처음으로 밝혀냈다. 그의 연구는 밀 연구에 남을 불멸의 공적
이다. 3군이란 염색체수가 14인 1립계 밀, 염색체수가 28인 2
립계 밀, 염색체수가 42인 보통계 밀이다. 이와 같이 염색체수
로 보면, 7을 기본수로 하는 2배성(1립계), 4배성(2립계), 6배성
(보통계)으로 된 배수성 식물이다.

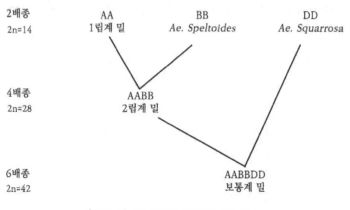

<그림 2> 밀 3군의 기원과 게놈구성

이 배수성의 발견은 후에 기하라(木原)에 의한 게놈의 개념확립에 발단이 되었다. 1930년 기하라는 밀 속의 종간잡종에 대한 세포유전학적 연구에서 기본수를 구성하고 있는 7개의 염색체군에 차이가 있음을 명백히 하였다. 이 7개의 염색체군을 게놈이라 부르고, 2배성인 1립계는 AA게놈형, 4배성인 2립계는 AABB게놈형 그리고 6배성인 보통계는 AABBDD게놈형이라고 하였다.

이와 같은 게놈의 구성관계와 그 후 많은 연구자들의 연구로 3종류의 밀의 기원은 그 대강이 밝혀지게 되었다. 우선 1립계가 출현하고, 이 1립계와 BB의 선조종(야생 근연식물인 'Aegilops Speltoides'라고 생각하고 있음)과 자연교잡이 일어나 생긴 잡종식물의 염색체배가로 2립계가 생겨났으며, 더욱이 2립계와 DD의 선조종인 'Ae. Squarrosa'가 자연교잡하여 계속된 염색체배가로 보통계가 기원되었다(그림 2). 현재 널리 재배에 이용되고 있는 마카로니 밀은 2립계에 속하며, 빵밀은 보통계에 속한다.

〈표 4〉 밀 속(Triticum)의 분류

		2배종	4배종		6배종	
		AA	AABB	AAGG	AABBDD	AAAAGG
야생	피성	aegilopoides	dicoccoides	araraticum		
	피성	monococcum	dicoccum	timopheevi	spelta macha vavilovi	zhukovsky
재배			durum		aestivum	
			turgidum		compactum	
	나성		pyramidale		sphaerococcum	
			persicum			
			orientale			
			polonicum			
			abyssinicum			

1립계라든가 2립계라는 명칭은 착립성질에서 유래한다. 밀이삭은 몇 개인가의 작은 이삭이 모여 이루어진 것이다. 1립계는한 개의 작은 꽃에 한 알, 2립계는 두 알, 보통계는 3~5알 착립되는 것이 일반적인 특징이다. 그 밖에 배수성이 높을수록형태적으로는 거대성이 있으며, 생태적으로는 광범위한 적응성이 있는 등 재배식물로서 유용한 특성을 구비하게 된다.

더구나 게놈분석으로 새로운 사실이 판명되었다. 4배성은 널리 존재하는 2립계(AABB) 이외에 티모페비계(AAGG)가 있음이발견되었다. 여기에는 각각의 야생종과 재배종이 존재하기 때문에 독립적으로 기원되었다는 2원설과 또는 함께 기원하여 4배종이 되는 과정에서 염색체의 구조분화로 서로 다른 게놈구성을 가지게 되었다는 1원설이 제기되어, 오랫동안 논쟁의 초점이 되고 있으나 아직도 해결되지 않고 있다.

또 6배성에는, 앞에서 언급한 두 가지의 4배종이 관여한 2개의 계통이 확인되었다. 이것은 전 세계에 널리 재배되고 있는 보통계 밀(AABBDD)과 코카서스 고유의 주코브스키 밀(AAAAGG)이다. 이들은 분명히 2원적으로 생겨난 것이다. 〈표 4〉는 밀의 분류와 배수성, 게놈 관계를 나타낸 것이다.

2) 1립계 밀

1립계에는 야생 1립계 밀(Triticum Aegilopoides)과 재배 1립계 밀(Triticum Monococram)이 있다. 야생 1립계 밀은 이삭이 여물면 이삭축이 저절로 부러져 작은 이삭 단위로 제각기 땅에 떨어진다. 이와는 반대로, 재배 1립계 밀은 여물어도 결코 떨어지지 않는다. 이 탈락성 외에는 야생 1립계 밀도 종자가 커서 경제작물로서 손색이 없다. 이 탈락성은 1개의 유전자에 지배되고 있기 때문에, 돌연변이에 의하여 부러지지 않는 형질이 쉽게 출현한다고 생각된다.

현재도 야생종은 그리스, 발칸, 크림, 트랜스코카서스, 터키, 시리아, 이라크, 이란에 널리 자생하고 있다. 특히, 트랜스코카서스와 터키의 동부를 거쳐 이란의 북부에서는 자주 대초원을 이루고 있다. 또, 일부는 길가나 밭의 잡초로 변해 있다. 그중 종자가 큰 것은 일본에 있는 야생의 벼과 식물로서는 상상도 할 수 없을 정도이다. 선사시대의 인류가 이것을 이용한 것은 당연했을 것이다.

야생종을 구별하면 두 가지의 형이 있다. 트랜스코카서스에는 두 가지 형이 혼재하고 있으며 그보다 북쪽인 크림, 발칸, 남부 터키, 시리아, 이라크, 이란에는 다른 형이 분포하고 있

〈표 5〉 서남아시아의 밀 발굴장소와 그 연대

종명	발굴장소	연대(B.C.)
야생 1립계 밀 T. Aegilopoides	델 무레이비드(시리아)	8400~7500
	자르모(이라크)	6750
	하지라르(터키)	5100
재배 1립계밀 T. Monococcum	자르모(이라크)	6750
	아리 고슈(이란)	6500
	차탈 퓨크(터키)	5700
	하지라르(터키)	5450
야생 2립계 밀 T. Dicoccoides	자르모(이라크)	6750
재배 2립계 밀 T. Dicoccum	하지라르(터키)	약 7000
	베이다(요르단)	약 7000
	아이 고슈(이란)	6900
	자르모(이라크)	6750
	차탈 퓨크(터키)	5550
재배 보통계 밀 T. Aestivum	델 에스 사완(이라크)	5800~5600
	차탈 퓨크(터키)	5550
	하지라르(터키)	5450
	테페 사브스(이란)	5200

다. 따라서 야생 1립계 밀의 중심지는 트랜스코카서스라고 말할 수 있을 것이다.

덴마크의 고고학자인 헬베크를 비롯한 연구자들의 고고학적 자료에 의하면 터키, 이라크, 이란에서는 기원전 8000~5000년의 선사시대 유적에서 1립계 야생형이 출토되고 있다(〈표 5〉 및

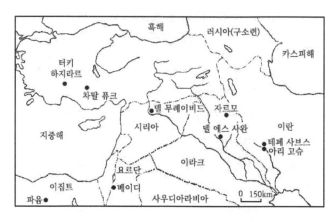

〈그림 3〉 서남아시아 신석기시대의 유적분포(阪本, 1970)

〈그림 3〉). 이 지역의 석기시대 사람들은 아마도 이 야생종을 이용하였을 것으로 추정된다. 재배형은 신석기시대로부터 청동기시대에 걸쳐 이라크, 터키, 시리아, 나아가 스위스, 독일, 프랑스 등의 중부 유럽까지 전파되었음이 출토품에 의하여 확인되고 있다. 세계에서 가장 오래된 메소포타미아문명을 자랑하는 이란의 자그로스산맥 서쪽 경사면에 있는 자르모 유적(기원전 6750년으로 추정되는 초기 농경문화의 촌락공동체 유적)에서 야생종과 재배종의 중간형이 발굴되었다.

이 중간형의 존재는 메소포타미아에서 연속하여 재배형이 성립된 것을 시사하며, 이 지방이 재배 1립계 밀의 발상지라는 것을 추정케 한다. 그러나 메소포타미아 지역의 신석기시대에는 이미 4배성 밀의 원시적 재배형이 출토되고 있는 점으로 보아, 오히려 주변지역인 터키나 시리아 지역에서 가장 적극적인 이용이 이루어졌다고 보는 것이 타당할 것이다. 중부 유럽의 재배종은 터키와 시리아로부터 전파되었다. 현재는 터키의 서

북부와 동북부에서 약간 재배되고 있을 뿐이다.

필자는 1959년 터키를 조사할 때, 터키의 서북부인 부르사의 서쪽에 있는 호수와 반드리마 근처의 길가에서 재배 1립계 밀의 경작지를 겨우 발견하였을 뿐이다. 재배 1립계 밀의 단일 재배도 있었으나, 대부분은 귀리나 보리와 혼작되고 있었다. 현재는 주로 사료로 이용되고 있으며, 재배 1립계 밀의 가루로 만든 피자를 애호하는 사람들이 일부 식용하고 있을 뿐이다.

재배 1립계 밀이 기원된 연대는 확정적이라고는 말할 수 없으나 기원전 7000~5000년일 것이다. 또한 특수한 지역을 제외하고는 널리 재배되지 않았던 것으로 보인다.

3) 2립계 밀

전술한 자르모 유적에서 1립계와 함께 야생 2립계와 가장 원시적 재배형인 2립계의 종자와 이삭의 유물이 발굴되었다(표 5). 가장 원시적 재배형이라고 하는 것은 재배 1립계 밀과 같이 여물어도 이삭은 쉽게 부서지지 않으나, 탈곡하면 잘게 부러지기 때문이다. 종자는 껍질에 싸여 있으며 탈곡하기 곤란하다. 이 밀은 재배 엠머 밀(T. Dicoccrum)이라고 부른다.

인류가 밀을 이용하기 시작하였을 때는 이미 1립계와 2립계가 존재했으며, 선사시대의 인류에 의하여 2립계의 야생종에서 원시적인 재배 엠머 밀이 기원되었다고 생각된다. 고고학적 자료로 보아도, 재배 엠머 밀은 이란, 이라크, 터키에서 기원전 7000~6000년경의 유물에서 출토되고 있다(표 5). 출토된 지역은 서남아시아의 비옥한 이란의 서남부인 크루디스탄, 이란, 이라크, 터키의 자그로스산맥, 타우루스산맥의 구릉 지대를 통하여 터키의 중앙 및 서부 아나톨리아고원과 팔레스티나까지 지중해 연안을 따라 남하한 반달형 지역에 한정되고 있다. 특히, 전술한 자르모에서 야생형과 재배형이 동시에 발굴된 점을 생각하면, 재배 엠머 밀의 발상지는 메소포타미아의 자그로스 산악 지대라고 추정된다.

재배 엠머 밀은 1립계보다 확실히 생산성이 높다. 지중해 연안을 중심으로 북쪽은 유럽, 남쪽은 아라비아와 아비시니아까지 넓은 지역에서 재배되어 중요한 식량이 되었다.

그 후, 완전한 재배형인 마카로니 밀(T. Durum)이라고 불리는 껍질이 연하고 쉽게 탈립되는 과성이 출현한 것은 기원전 1000년경이다. 그러나 마카로니 밀 때문에 재배 엠머 밀이 주된 밀의 재배지역에서 밀려난 것은 실로 16세기 이후라고 한다. 현재는 재배 엠머 밀를 재배하는 밭을 찾아보기란 대단히 힘들며, 필자도 이란의 서부에서 겨우 한 곳을 찾았을 뿐이다. 마카로니 밀은 돌연변이에 의하여 재배 엠머 밀에서 생겨났다고 생각하고 있다. 이와 같이, 밀의 재배 역사로 보면 오랫동안 종자에 껍질이 그대로 남아있는 피성(皮性)의 재배 엠머 밀이 재배돼 왔다. 피성(皮性)의 맥류시대 역사가 길었던 것은 밀이 입식(粒食)보다는 분식으로 이용돼 왔기 때문이라고 생각된다.

마카로니 밀의 발상지는 역시 메소포타미아라고 추정된다. 고고학적 자료에 의하면, 기원전 1000년경의 것으로 티그리스 강가의 유적에서 발굴된 마카로니 밀이 가장 오래된 것이다. 같은 연대의 것으로 나일 강변의 자료가 있으나, 그것이 마카로니 밀이라는 증거에는 의문이 있다. 기원전 7000년경에 엠머 밀이 기원되어 넓은 지역에서 재배되면서, 다른 지역에서 완전한 재배형인 마카로니 밀의 출현이 보이지 않은 것을 생각하면, 기원전 1000년경에 각지에서 쌀보리와 같은 재배형이 출현한 것이 아니고, 메소포타미아 지역에서 일원적으로 기원되었다고 보는 것이 타당할 것이다.

따라서 가장 경제적이고 진정한 의미의 재배형이 원시적인 재배 엠머 밀을 구축하는 데는 장구한 기간이 걸렸으며, 16세기가 되어 비로소 대치된 이유도 이해된다고 하겠다. 이 마카로니 밀이 출현하여 전파되는 과정에서 돌연변이나 그들 간의 교잡으로, 더구나 재배 지대의 생리생태적 조건으로 여러 가지 '종'이 성립되었다고 생각한다.

즉, 영국에서는 리베트 밀(T. Turgidum), 트랜스코카서스에서는 페르시아 밀(T. Persicum), 에티오피아에서는 아비시니아 밀(T. Abyssinicum) 그리고 그 밖의 각 지역에서 성립된 재배형 4배종은 모두 마카로니 밀에서 유래한 것이다. 그들은 일시적으로 각각의 지역에서 재배되었으며, 현재는 빵밀 또는 마카로니 밀에 압도되어 특수한 것 외에는 거의 재배되지 않고 있다.

현재, 마카로니 밀은 빵밀보다 건조에 강하여 근동과 지중해 연안의 여러 나라에서 재배되고 있으며, 가루는 부질이 풍부하여 마카로니나 스파게티의 원료로 없어서는 안 되는 중요한 것이다. 빵을 만드는 데는 빵밀에 미치지 못하나, 빵밀의 출현이 있기까지는 이것이 이용되었다.

전술한 바와 같이, 2립계 밀(AABB)의 기원은 1립계(AA)와 'Ae. Speltoides(SS)'의 잡종에서 기원되었다는 설이 유력하며, 한때는 결정되었다고도 생각했으나 이에 대한 실험적 증거를 갖지 못하였기 때문에 일부에서는 B게놈에 관여한 선조종이

'Ae. Speltoides'가 아니라는 설도 제안되었다. 현재 B계놈의 선조종에 관한 문제에 대해서는 활발한 논쟁이 전개되고 있으며, 밀의 기원에 대한 연구에서 초점이 되고 있는 문제이다.

1940년까지의 초기 연구자들은 염색체의 대합으로 보아 S계놈이 B계놈의 선조종일 가능성을 말하였으나, 어느 경우나 적극적인 제안은 아니였고 또 논거도 충분한 것이 아니었다. 1944년 미국의 맥패든(McFadden)과 시어스(Sears)는 스위스 수상생활자의 유적에서 발굴된 'T. Antiquorum(현재는 6배성 밀로 생각하고 있다)'을 나성인 4배성 밀이라 하였으며, 형태적으로 보아 이삭이 상당히 촘촘한 'Agropyron Triticeum'을 B계놈의 선조종이라고 하였다. 일시적으로는 이 설이 유력시되었으나 염색체 형태의 분석 등으로 부정되었다.

계속하여 1956년에는 동시에 두세 사람의 연구자에 의하여 'Aegilops 속'의 S계놈을 가지는 것이 또다시 B계놈으로 유력하게 대두되었으며, 그중에서도 영국의 라일레이(Riley) 등은 'Aegilops Speltoides'설을 주장하여 또다시 이 설이 유력하게 되었다. 그러나 1립계 밀(AA)과 'Ae. Speltoides'와의 교잡으로 만든 합성종(AASS)과 2립계(AABB)와의 교잡으로 만든 잡종의 염색체대합은 상동성을 나타내지 않았다.

이 현상에 대하여 그들은 B계놈과 S계놈의 염색체대합을 억제하는 유전자가 지금의 'Ae. Speltoides'에 존재하고 있기 때문이라고 하였으며, 이와 같은 억제유전자가 돌연변이 등으로 억제기능이 없는 유전자로 변하면 그 증명이 가능하다고 하였다.

억제유전자의 존재 가능성은 다른 연구에서도 충분히 예측되어 지지하는 사람이 많았다. 다만, AASS인 합성종은 현재의 2

립계와 형태적으로 너무도 큰 차이가 있다는 것이 난점이다.

존슨은 종자단백의 전기영동법에 의한 생화학적 연구로 2립계 밀에는 'Speltoides'의 밴드형이 보이지 않는다고 하였으며, 또한 AASS합성종도 2립계와 다른 밴드형을 나타내며, 더구나 2립계에는 'Aegilops 속'이 관여하였을 때 나타나는 특유의 밴드도 나타나지 않는 것 등으로 1립계 간의 잡종기원설을 전개하였다. 그래서 현재 1립계 밀로 분류되어 있는 계통 중에는 A 게놈과 다른 게놈을 가지는 계통이 있고, 이것이 B게놈을 가진 식물이라고 하였다. 그러나 이에 해당하는 식물은 아직 발견되지 않았기 때문에 한 번 더 야생 2배종을 철저하게 수집조사할 필요가 있다고 생각되며, 현재로는 여전히 B게놈의 선조종으로 'Speltoides'가 유력하다.

4배성 밀에는 2립계(AABB) 외에 게놈이 다른 티모페비계 밀이 있으며 4배성 밀의 기원을 논할 때, 이 두 개의 계통적 관계를 생각해 볼 필요가 있을 것이다.

1932년 러시아의 야쿠브지너(Jakubziner)는 아라라트산에 근접하는 트랜스코카서스 지역에서 티모페비의 야생종을 발견하여, 아르메니아 밀(Triticum Araraticum)이라고 명명하였다. 이것의 출현으로, 재배종인 2립계 밀과 티모페비 밀 각각의 야생종이 존재한다는 것이 밝혀졌다.

메소포타미아의 선사시대 주거지에서 발굴된 밀은 2립계 야생형이라고 한다. 그러나 필자나 다른 사람들의 현지조사에 의하여 이라크, 이란, 터키의 자그로스 산악 지대에 지금도 4배성 밀의 야생종이 풍부하게 자생하고 있음이 발견되고, 더구나 그것들은 티모페비 밀의 야생종인 아르메니아 밀이 대부분이고, 2립계의 야생종은 매우 드물었다. 2립계 야생종인 팔레스 티나 밀(Triticum Dicoccoides)은 주로 팔레스티나의 헤르몬 산록 지대에 분포하며, 이 지역으로부터 지중해 연안을 따 라 터키까지의 산악 지대에 점점이 드물게 자생하고 있다.

한편, 전술한 바와 같이 이라크를 중심으로 이란과 터키의 자그로스 산악 지대와 그 인접지역에는 티모페비 밀의 야생종 인 아르메니아 밀이 풍부하게 분포하며, 드물지만 2립계 야생 종도 자생한다. 이라크에는 같은 군락 내에 두 개의 야생종이 섞여 자생하고 있다. 더구나, 이 지역의 야생종은 염색체의 구 조분화에 의한 여러 가지 변이가 보이며, 형태적으로도 트랜스 코카서스의 아르메니아 밀과 팔레스티나 밀의 중간형이 존재하 고 있다.

이상으로 보아, 메소포타미아에서 야생 1립계 밀과 'Ae. Speltoides'의 잡종에서 기원하여 4배성의 원시형 야생종이 생 겼으며, 이것이 1만년 이상의 장구한 세월을 거치면서 염색체 의 구조분화로 현재는 완전히 다른 AABB와 AAGG게놈으로 분화되었다고 해석된다. 메소포타미아의 두 가지 야생종 중 팔 레스티나형 야생종이 현재의 원시적인 2립계 재배형인 재배 엠 머 밀을 성립시키고, 팔레스티나형 야생종은 남방지역에 적응 하여 팔레스티나까지 분포하고, 현재는 팔레스티나 밀로 이 지 역을 주된 자생지로 하고 있다.

한편, 트랜스코카서스형의 야생종인 아르메니아 밀은 북방지 역에 적응하여 트랜스코카서스까지 분포하고, 이 지역의 고유 재배종인 티모페비 밀을 성립시켰다고 생각된다. 이와 같은 견 해를 확인하기 위해서는 중근동 지역 선사시대의 야생 4배종 발굴물의 재조사가 필요할 것이다.

4) 중동지역의 답사여행

필자는 야생 4배종을 탐색하기 위하여, 1959년 5월 7일 시리아의 수도인 다마스쿠스에서 지프차로 헤르몬 산록 지대를 답사하였다. 그 결과 시리아 남서부의 카타나 서쪽 7㎞ 지점에서 수웨이다 남쪽 20㎞ 지점에서, 그리고 요르단의 수도 암만에서 사해 쪽을 향한 25㎞ 지점에서 팔레스티나 밀의 자생지를 발견하였다. 그것도 40도를 넘는 염천하의 건조 지대에서 계속된 탐색으로 겨우 찾을 수 있었으며 어느 경우나 우아한 헤르몬산을 배경으로 하는, 나무 하나 없는 바위산에서 가냘프게 자생하고 있었으며, 결코 큰 군락이라고 말할 수는 없었다.

원래 팔레스티나 밀이 발견된 발단은 1855년 코치(Kotschy)가 팔레스티나의 헤르몬산에서 야생보리라고 발견한 것을 1889년 쾨르니케(Kôrnicke)가 그 표본을 보고 밀임을 확인하여 명명한 것이다. 발견지가 그리스도 탄생의 성지에 가까운 것과 야생 1립계 밀보다 재배 밀에 흡사한 점 등으로 당시 커다란 반응을 불러일으켰다. 1908년 쾨르니케는 이것이야말로 재배 밀의 선조종이라고 하였다. 아론손(Aaronsohn)은 1904년부터 계속하여 이 야생종을 탐색하였으며, 3년째가 되어 헤르몬산에서 요르단강 계곡에 이르는 건조 지대에서 겨우 발견하였기 때문에 당시에도 분포가 풍부한 것만은 아니었다.

1966년, 트랜스코카서스인 아르메니아의 예레반에서 세반호로 가는 도중, 예레반 북동쪽 30㎞ 지점인 아르메니아고원에서 아르메니아 밀의 자생지를 발견하였다. 이 집단은 폭이 20m

〈그림 4〉 야생 4배종인 팔레스티나 밀이 자생하는 레바논산맥과 요르단강

〈그림 5〉 헤르몬 산록의 석회암 바위산에 자생하는 팔레스티나 밀

정도, 길이가 100m 정도인 계곡에 분포하였으며 야생 1립계 밀과 섞여 있었다. 이것은 팔레스티나의 팔레스티나 밀과 달랐으며 야생 1립계 밀과 구별하기 힘든 이삭 형태를 하고 있었다. 이 지역도 건조하기는 하였으나 팔레스티나에 비교하면 식생도 상당히 풍부하였고, 호밀 등의 다른 화본과 식물도 풍부하게 자생하고 있었다. 바빌로프가 "화본과 식물의 보고"라고 말한 것에 수긍이 갈 정도였다.

두 번에 걸친 이전의 탐색 결과를 근거로 하여, 트랜스코카서스와 팔레스티나의 중간에 위치하는 가장 오랜 문명을 자랑하는 메소포타미아 지역의 야생 4배종의 종류에 대한 탐색계획이 추진되었다. 그때까지의 정보로는 팔레스티나 밀형이라고 되어 있었으나, 그 분포의 전모가 밝혀졌다고만은 할 수 없었다. 당시의 이라크 국내 사정은 좋지 않았으며, 자그로스 산악지대를 점령하고 있는 쿠르드족의 반정부 행동 때문에 그 지대에 들어간다는 것은 매우 곤란하였다.

한편, 4배성 밀의 기원에 대한 연구가 진척됨에 따라 빨리 조사해야 할 필요가 있었기에, 1970년 교토대학 메소포타미아 북부 식물탐험대가 편성되어 먼저의 경험자를 주축으로 드디어 조사에 착수하게 되었다.

선발대는 5월 12일 섭씨 40도가 넘는 이라크의 수도인 바그다드에 도착하여 현지의 일본대사관의 알선으로 이라크 정부와 절충하게 되었다. 우리 탐험대가 도착하기 수일 전에 쿠르드족과의 화평이 성립되어 많은 제약은 있었으나 5월 24일에 바그다드를 출발하여 대망의 조사여행이 시작되었다.

우선, 지프차로 티그리스강 지류를 따라 북동쪽으로 나아가

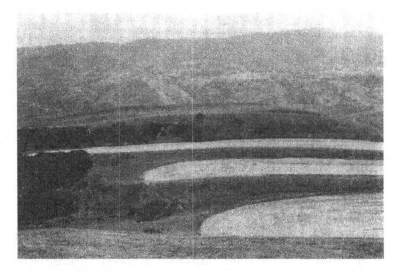

〈그림 6〉 트랜스코카서스의 밀 생산 지대. 희게 보이는 것이 밀 수확 직후의 밭

〈그림 7〉 아르메니아 지방의 예레반 교외에 자생하는 야생 4배종인 아르메니아 밀

〈그림 8〉 이라크 자그로스 산악 지대의 쿠르드족 민병

자그로스산맥의 슐라이마니야 지역으로 갔다. 그 후, 반복하여 고개를 넘으며 마을에서 마을로 이동하였다. 산길로 들어서면 험악한 길이 계속되었으며, 건조한 산표면이 계속되었다. 때로는 산표면에 녹색 점을 찍어 놓은 듯 높이 1m 정도의 떡갈나무 관목이 점점이 자라고 있었다. 그러나 골짜기에 들어서면, 벼과 식물이 많이 자생하고 있었으며 야생 1립계 밀과 Aegilops 그리고 보리의 야생종이 지표면을 덮어 장관을 이루고 있었다. 선사시대의 옛 모습을 그대로 나타내는 커다란 동굴도 보였다. 머리에 천을 두르고 이상한 옷을 걸친 무장한 쿠르드 민병이 배회하고 있어 아직도 치안이 불안정함을 말해주고 있었다. 산악 지대에 들어가면 바그다드의 평원 지대와는 달리 밤에는 추울 정도였다.

〈그림 9〉 이라크 자그로스 산악 지대의 야생 4배종 자생지. 산에 점점이 보이는 것이 떡갈나무. 가까이에 보이는 것은 야생 4배종과 그 선조종인 야생 1립계 밀 및 'Ae. Speltoides'

〈그림 10〉 자그로스 산악 지대의 야생 4배종

〈그림 11〉 자그로스 산악 지대에 자생하는 야생 1립계 밀(T. Aegilopoides).
백색, 갈색, 흑색 등 여러 가지 색깔의 이삭이 보인다

〈그림 12〉 자그로스 산악 지대에 자생하는 'Ae. Speltoides'

　술라이마니야에 가자마자 찾고 있던 야생 4배종의 대군락을 만났고, 그 후 속속 군락을 만나 흥분의 연속이었다. 그것은 틀림없는 아르메니아 밀로 형태는 트랜스코카서스의 것과 같았다. 그러나 이것을 조사하는 동안, 이삭의 형태에 여러 가지 변이가 있음을 알았다. 이것들은 아르메니아 밀에 가까운 것부터 팔레스티나 밀에 가까운 것까지, 그것도 같은 군락 내에서 발견되었다. 그 후의 세포학적 조사로, 이 지역은 풍부한 변이를 갖는 아르메니아 밀과 팔레스티나 밀이 때로는 단독으로 때로는 혼합되어 자생하며, 전체적으로 아르메니아 밀이 풍부하게 자생하고 있음이 확인되었다. 대부분은 떡갈나무 사이에서 습기를 취하고 있는 듯, 야생 4배종과 두 개의 선조종(야생 1립계 밀과 'Aegilops 속'의 'Speltoides')이 혼생하든가, 떡갈나무 사이를 메우듯 자생하고 있었다. 이것은 완전히 야생 4배종의 기원을 말해주는 듯했으며, 그 광경은 볼만한 것이었다. 이 광경은 밀의 기원을 연구하는 사람으로는 일생 동안 잊을 수 없는 것이었다.

　떡갈나무와 공존한다는 것을 알고 나서부터는, 떡갈나무를 지표로 떡갈나무가 있는 산을 찾아 지프차를 버리고 산으로 올라가 야생 4배종을 채집하는 데 성공하였다. 야생 4배종의 자생지는 30개소 이상이나 되었다.

　그래서 우리는 야생 4배종의 자생지가 어디까지 계속되는가를 확인하기 위하여 자그로스 산악 지대를 따라 북쪽으로 올라가 터키의 중앙부까지 조사를 계속하였다. 터키에 들어가면, 이들 군락은 갑자기 감소하여 4개소를 발견함에 지나지 않았고 결국에는 자취를 감추었다. 더구나 터키의 아라라트 산록 지대

〈그림 13〉 자그로스 산악 지대의 야생 4배종 밀의 분포

인 트랜스코카서스와의 국경 지대까지 조사하였으나 전혀 발견할 수가 없었다. 이 지역에서는 다른 야생형의 밀도, 'Aegilops' 도 발견할 수가 없었다. 아마 옛날에는 자생하고 있었을 것이나 아라라트산의 화산이 폭발할 때 흘러내린 용암으로 전멸하였을 것이다. 용암 지대는 이란의 국경 지대까지 띠 모양으로 계속되었다. 또다시 이란 쪽에서 자그로스산맥의 동쪽 경사면을 탐색하였으나, 이란의 서남지역에서 겨우 3개의 군락을 발견했을 뿐이다(그림 13).

전술한 바와 같이, 이 조사결과는 2립계 밀(AABB)과 티모페비 밀(AAGG)의 야생종이 자그로스 산악 지대에서 야생 1립계 밀(AA)과 'Speltoides(SS)'의 잡종인 AASS식물에서 함께 기원되었음을 암시해 주었다. 그 후, 이것은 염색체의 구조분화와 그에 따른 형태적 변이로 두 개의 야생종이 성립되었다는 결론에 중요한 증거가 되었다.

78

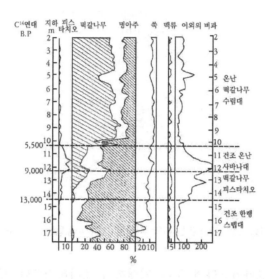

〈그림 14〉 자그로스 산악 지대를 화분분석으로 본 식물상의 변천

(van Zeist, Wright, 1963)

　여기서 인류의 가장 오랜 역사를 갖는 자그로스 지대의 식물
상의 변천과 밀 기원의 연대, 당시의 인간 생활과의 관계에 대
하여 생각해 보기로 하자. 이 해석은 한결같이 화분분석법에
의존하고 있다.

　화분분석법은 다음과 같다. 우선 이탄층이나 호수 밑에 퇴적
된 화분을 특수한 장치의 착공기로 각각의 깊이에서 채집하여
식물의 종(種), 속(屬), 과(科)가 갖는 화분의 형태적 특징으로 식
물을 동정한다. 연대에 따라 식물의 종류마다 빈도곡선을 그리
면, 그 지역의 화분도가 작성된다. 이 화분도로 화분의 연속적
인 경과를 알 수 있으며, 각 시대의 식물상이나 군락의 천이
그리고 당시의 기후 상태 등을 알 수 있다. 또 이것과 유물로

판명된 문화 수준과의 비교도 가능하다.

판 차이스트(Van Zeist)와 라이트(Wright), 두 사람은 자그로스 지대의 호수에서 화분을 채취하여 연구하였다. 호수의 퇴적물은 상류에서 흘러내린 화분이 유입되어 호수 밑바닥에 퇴적될 것이 예상된다. 그들은 〈그림 14〉가 보여주는 자료로 다음과 같이 추정할 수 있다고 생각하였다.

떡갈나무는 13000년 전(C^{14}로 연대측정. 이하 같음)경부터 자그로스산맥에 분포하여 떡갈나무와 피스타치오나무의 사바나 지대를 형성하고, 이전부터도 이 지역은 상당히 따뜻하고 건조한 기후였다. 이 시대는 맥류의 화분이 보이기 때문에, 이미 1립계 밀이나 'Ae. Speltoides'가 떡갈나무와 함께 자생하고 있었다고 추정된다. 또한, 9000년 전경에는 그때까지 우점이었던 명아주과가 갑자기 감소하고 떡갈나무가 전보다 급증한 정점도 보인다. 이 정점은 한랭한 스텝 상태에서 따뜻한 사바나 상태로 기후가 격변하였음을 상상케 한다. 1만 년 전에는 이미 야생 4배종(아마도 AASS식물)이 성립되고, 9000년 전경에는 기후의 격변과 함께 분화가 일어났다. 그리고 그 후 현재의 아르메니아 밀(AAGG)이나 팔레스티나 밀(AABB)이 성립되고, 계속하여 팔레스티나 밀에서 재배 엠머 밀이 기원되었다고 해석된다.

킴버(Kimber)는 'Ae. Speltoides(SS)'에는 온도에 따라 염색체대합이 변하는 유전자가 존재한다는 것을 명백히 하였다. 이것은 기후의 격변으로 AASS식물에서 AABB와 AAGG식물의 분화가 쉽게 일어날 가능성을 상상케 한다. 또, 5500년 전경부터 떡갈나무가 다시 급증한 정점이 보이며, 이 시대에 돌연변이로 완전한 재배형인 마카로니 밀이 성립되었다고 추정된다.

〈표 6〉 메소포타미아 북부 산악 지대의 문화 수준과 식물상(Wright, 1968)

고고학적 자료에 의한 문화 수준	방사성탄소에 의한 연대측정(년전)	화분분석에 의한 식물상
식량생산의 확립초기	5500	떡갈나무 수림대 (온대, 약간의 강우)
식물생산의 시작	9000	떡갈나무 피스타치오나무 사바나대(온난건조)
식물채집생활의 최종기	11000	
	12000	
식물채집생활	14000	스텝대 (한랭 건조)
	34000	
식물습득생활	40000	

그 후 밀에 제일 적당한 온대기후로 변화되어 현재에 이르렀다. 고고학적 자료에 의한 각 연대의 문화 수준과 식물상과의 관계를 나타내면 〈표 6〉과 같다. 이것은 앞의 사실을 잘 설명하고 있다고 하겠다.

5) 보통계 밀

앞에서 이미 설명한 것과 같이, 빵밀로 대표되는 보통계 밀(AABBDD)은 2립계(AABB)와 'Ae. Squarrosa(DD)'와의 잡종에서 기원한다. 1944년 기하라(木原)는 게놈분석과 형태분석으로 'Ae. Squarrosa'를 선조종이라 하였다. 계속하여 그는 여러 가지 2립계와 'Ae. Squarrosa'와의 교잡으로 빵밀을 합성하였다. 이 합성종과 보통계 밀의 잡종 1대는 완전한 염색체대합과 양호한 종자임성을 나타내어 그 기원이 실증되었다. 그 무렵인 1944년 맥패든과 시어스, 두 사람은 같은 결과를 발표하였다.

이때 미국과 일본은 전쟁 중이었으며, 종전 후 비로소 판명되었지만 과학 발견의 동시성으로 유명한 화제가 되었다.

보통계 밀에 대해서는 여러 가지 2립계 중 어느 종이 기원에 관여하였는가가 문제시되었다.

우선 야생형인 2립계와 'Ae. Squarrosa'와의 잡종에서 기원하였다면, 선조종들이 야생형이기 때문에 야생형의 보통계가 존재할 것이다. 그러나 보통계의 야생형은 존재하지 않고 또 'Ae. Squarrosa'는 수반식물(잡초)로 밀밭에 들어와 있기 때문에, 기원에 관여한 것은 재배 2립계로 추정된다. 4배종인 2립계와 2배종인 'Ae. Squarrosa'의 교잡에서 6배종인 보통계가 기원되기 위해서는, 잡종인 3배종이 비환원성인 배우자를 형성할 필요가 있다.

즉, 자연계에서 비환원으로 생긴 3배성의 배우자 간에 수정이 이루어져 종자가 형성되고 이것이 6배종인 식물체가 되는 것이다. 여러 2립계와 'Squarrosa'를 교잡하여 잡종 1대들의 종자임성을 비교해 본 결과, 트랜스코카서스의 고유 재배종인 페르시아 밀(T. Persicum)과 같은 지역에 분포하는 'Squarrosa'의 특정 계통(var. Meyeri)과의 잡종조합이 가장 높은 종자임성을 나타냈다. 즉, 다른 조합의 종자임성은 5% 이하였으나 위의 조합은 50% 이상을 나타냈다. 이것은 페르시아 밀과 그것을 재배하는 밭의 잡초인 'Squarrosa'의 특정 계통 사이에 교잡이 이루어진다면, 쉽게 보통계 밀이 기원될 가능성을 나타내는 것이다. 더구나 이 조합으로 만들어진 6배종 밀의 형태는 빵밀과 가장 흡사하였다. 이리하여 빵밀은 트랜스코카서스에서 페르시아 밀과 'Squarrosa'의 어떤 특정한 계통과의 잡종에서 기원되었다고 결론지어진다.

바빌로프의 유전자중심설에 입각해 보아도 이 지역은 변이가 풍부하다. 그는 유전자중심설에서 빵밀의 발상지는 서남아시아라고 하였으며 보통계 밀을 전체적으로 보면, 다양성의 중심은 트랜스코카서스로 한정된다. 보통계에는 빵밀 외에 많은 '종'이 있으며, 어떤 것이나 분명히 빵밀에서 돌연변이에 의하여 분화된 것이다. 인도의 고유종인 인도 밀(Sphaerococcum)이나 아프가니스탄의 크라브 밀(Compactum)이 그 예이다. 어느 것이나 빵밀과는 유전자 한 개의 차이이며, 빵밀이 전파되는 동 안 특정한 지역에서 돌연변이 등으로 성립된 것들이다. 이것은 어느 것이나 나맥인 빵밀 계열이다.

이 밖에 껍질이 있는 'Spelta 밀'과 'Macha 밀'이 있다. 이들과 나성밀이 동일기원인지 아닌지는 연구자에 따라 의견이 다르며, 피성도 한 개의 유전자에 지배되는 것 등으로 보아, 'Spelta 밀'도 빵밀에서 분화되었다고 생각된다. 피성인 'Macha 밀'의 중심지가 역시 트랜스코카서스인 점으로도 그 가능성은 높다.

앞의 〈표 5〉에 의하면, 빵밀의 탄화종자는 기원전 5500년 전후의 유적에서 발견되었다. 그 유적은 터키의 차탈 퓨크와 하지라르, 이란의 테페사브스, 이라크의 티그리스 강가인 델 에스 사완에서 발견되었다.

그러나 이들 지역은 'Ae. Squarrosa'가 전혀 분포하지 않는 지역이다. 따라서 트랜스코카서스에서 전파되었다고 해석하고 있지만 그렇다고 해도 연대가 너무 빠르다. 그때는 메소포타미아에서 트랜스코카서스에 걸쳐 재배 엠머 밀이 널리 재배되고 있었으며, 또 페르시아 밀은 아직 출현하지 않았다고 추정된다.

〈그림 15〉 카스피 해안 지대의 빵밀의 선조종인 'Ae. Squarrosa'의 자생지

발굴물의 동정이 잘못되었는지, 또는 선조종을 페르시아 밀로 잘못 설정한 것인지, 현 단계로는 불분명하다.

이 문제의 해결에는 현재 공백 상태인 트랜스코카서스 지역과 페르시아 지역의 고고학적 발굴자료를 기다리는 수밖에 없다. 빵밀이 기원된 연대는 일단 고고학적 자료를 근거로 기원전 5000년이라고 해두자.

여기서, 발굴물의 식물학적 동정 문제에 대하여 언급해 보자. 지난 시대의 증거는 고고학적 발굴자료의 식물학적 동정에 의한 것이 대부분이었다. 따라서 동정이 과학적 방법으로 확립되어 있지 않는 한 무조건 시인하여 논의를 진행시킨다는 것은 위험한 일이다. 고고학적 자료에 의한 결과에 대해서는 충분한 배려를 필요로 한다.

식물분류학적 동정으로 4배성 밀이라고 취급된, 언뜻 보아

〈그림 16〉 트랜스코카서스 지역의 고유종인 페르시아 밀의 밭. 빵밀의 선조종
으로 가장 가능성이 높은 것임

형태적으로는 확실히 4배성 밀에 속하는 것같이 보이는 것이
염색체수 및 게놈분석으로 조사하여 보면, 명확히 6배성 밀에
속한 실례가 있다. 일반적으로 출토된 벼과 식물의 동정은 종
자의 크기, 소수의 기부, 포영 등의 형태적 특징에 근거하여 분
류된다.

그런데 종류나 탄화된 상태에 따라서는 종자의 크기 외의 다
른 형질은 식별의 대상이 되지 않는 경우가 많다. 종류를 감별
하는 종자 크기의 기준은, 현재의 살아 있는 종자를 고온으로
급격히 탄화시킨 것을 기준으로 한다. 그러나 지금의 밀종자라
도 계통에 따라서는 변이가 있기 때문에 동정하는 데는 언제나
어려움이 있다.

이 밖에 탄화 당시의 종자의 수분함량, 토양의 수분함량, 지

온 등 매몰 중 환경조건의 영향을 받고, 장기간에 걸쳐 탄화된 것과 인공적으로 탄화시킨 것과는 종자의 수축률이 반드시 같지 않음을 고려하지 않으면 안 된다.

다음으로 빵밀의 전파에 대하여 언급한다. 현재 빵밀은 밀류 생산량의 90%를 점하고 있다. 이외에 마카로니 밀이 있다. 옛날에는 2립계 밀의 생산 지대였던 지역에도 빵밀이 전파되어, 적도에서 북위 70도 및 남위 45도까지 광범위하게 전파되었으며, 남미의 안데스 지대에서는 표고 3,500m의 산악 지대까지 재배되고 있다. 빵밀의 중요한 생산 지대는 러시아, 미국, 캐나다이며, 세계 전 생산량의 반을 점하고 있다. 현재의 중요 생산 지대인 신대륙으로 전파된 것은 분명히 신대륙의 발견 이후이며 빨라야 1550년 이후이다.

트랜스코카서스 지역에서 발상된 빵밀은 기원전 5000~4000년경에는 서남아시아와 소아시아를 거쳐 유럽의 도나우강과 라인강 유역에, 또 흑해의 서해안 전역과 남러시아 전역에 달하고, 기원전 3000년에는 유럽 전역에 전파되었다. 북동쪽은 이란고원을 거쳐 기원전 1500년경에 아랄해 남부지방에, 남동쪽은 메소포타미아를 거쳐 기원전 2000년대에 인도에, 남쪽으로는 아라비아를 거쳐 기원전 3000년에 아프리카에 전파되었다. 중국에는 중앙아시아를 거쳐 기원전 2000년에, 일본에는 한국을 거쳐 4세기 또는 5세기 초에 비로소 도입되었다.

메나브데(Menabde)는 1957년 트랜스코카서스의 티모페비 밀밭에서 신종인 재배 6배종을 발견하여 주코브스키 밀(T. Zukobsky)이라고 명명하였다. 이 새로 발견된 밀은 재배 1립계 밀(AA)과 티모페비 밀(AAGG)의 잡종에서 기원하는 AAAAGG 식물임이

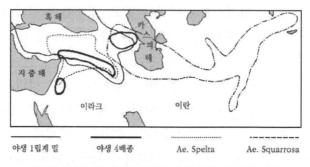

〈그림 17〉 재배 밀의 선조인 야생종의 지리적 분포

증명되었으며, 20세기에 들어와서 비로소 기원된 것이 확실하다. 이 사실은 앞으로도 새로운 작물이 출현할 가능성을 시사하는 것으로 주목해야 할 것이다.

이상과 같이, 재배 밀의 기원에 대해서는 트랜스코카서스에서 기원된 야생 2배종 밀이 그 분포지역을 넓혀, 메소포타미아에서 'Ae. Speltoides'와 교잡되어 야생 4배종이 출현되었다. 이 야생 4배종의 재배종이 전파되면서 트랜스코카서스에서 'Ae. Squarrosa'와 잡종이 생기고, 여기서 6배성 밀이 기원되었다고 요약할 수 있을 것이다. 이와 같이 발상지로부터 그 분포를 넓혀 새로운 환경에서 그 지역에 분포하는 다른 식물과의 교잡기회를 획득하여, 거기서 새로운 식물이 기원되는 것을 확산기원(Diffuse Origin)이라고 한다.

확산기원은 재배 밀의 기원에 중요한 역할을 했다. 트랜스코카서스에서는 'Ae. Speltoides'와의 만남이 곤란하였으며, 메소포타미아에서는 'Ae. Squarrosa'와의 만남이 곤란하였다(그림 17). 4배종의 선조종은 둘 다 야생종이었으나, 6배종의 선조종은 재배종과 야생종이다. 야생종인 'Ae. Squarrosa'가 잡초

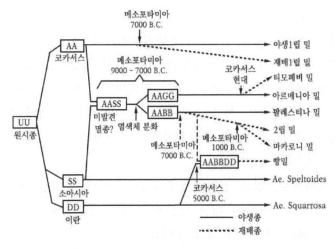

〈그림 18〉 밀의 진화

의 특성을 획득하지 못했다면 현재의 빵밀은 기원되지 않았을 것임에 틀림없다.

또, 잡초에 지나지 않는 'Squarrosa'는 빵을 만드는 데 적합한 분질을 가지고 있으며, 이것이 제빵에 적합한 밀을 성립시켰다. 실제로 'Squarrosa'의 가루로 빵을 만들어 보면 맛이나 색깔은 빵밀로 만든 것보다 못하나 일단은 훌륭한 빵을 만들 수 있다. 빵밀이 어떤 음식보다 많은 칼로리와 단백질을 인류에게 제공해 주며, 인류문화에 공헌해 온 것을 생각하면 'Squarrosa'가 잡초로 진화한 것이 얼마나 중요한 공헌이었는가를 인정하지 않을 수 없다.

더구나 발상지에서 떨어진 지역에서 생긴 신종의 기원은 새로운 생리 생태적 형질을 획득하게 되었으며, 이것이 새로운 지역에 분포할 수 있는 근원이 되었다. 4배종인 2립계 밀은 메소포타미아보다 서쪽에 주된 지리적 분포를 가지며, 특히 온대의 건조한 기후형에 한정하여 적용하고 있다. 6배종인 빵밀의 기원은 'Squarrosa'가 갖는 동방지역에서의 분포적응성과 4배종에서는 보이지 않는 추파성 등의 생리적 형질을 도입한 결과가 되어 4배종이 적용할 수 없는 한대에서 열대까지 그리고 건조에서 습윤까지의 폭넓은 적응성과 이에 대한 생태적 분화를 획득하여 지금은 세계 구석구석까지 재배가 가능한 세계의 밀로 그 지위를 확립하였다.

마지막으로, 밀의 진화체계를 〈그림 18〉에 나타냈으며 여기에 도시한 모든 것에 대한 확실한 증거가 있다고는 말할 수 없으나 가까운 장래에 해결될 것이다.

3. 보리

밀과 함께 고대문명의 중요한 재배식물이었던, 그 역사를 자랑하는 보리는 미래에도 농경지를 확대하는 선구자가 될 것이다.

맥류 중에서 밀 다음으로 많이 재배되고 있는 보리는 적도에서 극지 부근까지 널리 경작이 가능하다. 빵밀보다 내한성과 내설성은 약하나, 춘파성 정도가 강한 보리는 벼과 식물 중에서 생육기간이 가장 짧아 밀의 재배한계보다 고위도에서도 재배되고 있으며, 또 표고로 보아도 더 높은 지역까지 재배되고 있다. 보리는 6배성 밀이 출현하기까지 4배성 밀보다 널리 재배되었으며, 항상 밀에 앞서 각지에 널리 전파되어 분식보다 입식으로 이용된 중요한 식량이었다.

현재는 아시아 일부를 제외하고는 식량보다 주로 사료용나

맥주용으로 이용되고 있으며, 그 밖에 양조원료와 아시아 지역의 된장과 간장 등에 이용되고 있다. 그러나 조방농경 지대에서는 지금도 중요한 작물이다. 예를 들면 페루와 볼리비아 지역인 중앙안데스의 표고 4,000m 고원에서는 밀보다 적응성이 강하여 매년 작부면적이 늘어나고 있다.

보리는 보리 속에 속하며 보리 속에는 약 25종이 있고 식물분류학적으로는 2개의 절(Section)로 구분된다. 하나의 절은 다년생과 일년생의 야생종으로 되어 있으며, 또 하나의 절은 야생종을 포함하여 재배보리가 포함되어 있다. 양자는 형태적으로나 유전적으로 현저히 다르기 때문에, 양자의 유연관계는 상당히 멀다고 생각된다.

재배보리(Hordeum Vulgale)에는 2조종과 6조종이 있다. 보리는 밀이 삭과는 다르며 이삭의 각 마디에 착생하는 하나의 소수(小穗)는 하나의 소화(小花)로 되어 있다. 한 마디에는 3개의 소수가 착생하며, 3개의 소수 모두에 종자가 착생하는 것을 6조종이라고 하며, 3개의 소수 중에서 중앙의 소수만이 종자를 착생시키고 양쪽의 소수는 불임으로 흔적만 있는 것을 2조종이라 한다. 6조종과 2조종 각각에는 야생종이 존재한다. 야생 및 재배 2조종과 야생 6조종은 여물어도 종자의 껍질이 분리되지 않는 겉보리이며, 재배 6조종은 겉보리 외에 종자의 껍질이 쉽게 분리되는 쌀보리 등 두 가지가 있다. 염색체수는 모두 14인 2배체 종으로 같은 게놈을 가지며, 이들 간에는 쉽게 잡종이 생기고 세포학적으로도 정상이다. 야생 2조종(H. Spontaneum)은 북부 아프가니스탄에서 이란, 이라크, 코카서스, 터키, 시리아, 요르단, 아라비아까지 널리 분포하고, 성숙하면 이삭의 각

마디가 분리되어 소수는 제각기 흩어져 탈락하며, 성숙 후 장기간 발아하지 않는 야생적 특징을 가지고 있다. 야생 6조종은 오랫동안 발견되지 않아 탐색이 계속되어 왔다.

1938년 오베르그(Åberg)는 동부 티베트에서 스미스(H. Smith)가 채집한 밀의 시료 중에서 2알의 겉보리를 발견하였다. 그것이 소수의 탈락성을 나타내는 6조종이여서 이 겉보리야말로 야생 6조종이라고 생각하여 아그리오크리톤(H. Agriocrithon)이라는 학명을 부여하였다. 이 발견이 동기가 되어 그 후 중부와 남부 티베트 지역을 조사한 결과, 야생 6조종을 발견하게 되었다. 따라서 히말라야 주변지역에서 야생 6조종의 존재가 확인되었다. 그러나 겉보리가 야생종이 아니라는 의견도 있었다. 이유는 종자가 밀이나 쌀보리 종자의 시료나 밭에서 발견되었기 때문이며 밭 이외의 곳에서 자생하는 모습을 본 적이 없다는 것이다. 또 탈락성 이외는 너무도 재배종에 흡사하다는 점이다. 야생 2조종의 경우는 커다란 자생집단이 보이며 재배 2조종에 비하여 종자도 작고, 야생종으로서의 조건을 확실히 구비하고 있다. 실제로 이라크나 터키 등에 존재하는 중근동의 야생 2조종의 자생지는 볼만하며 수십 미터까지 뻗친 대규모의 자생지도 관찰된다.

보리의 기원에 대한 견해는 1882년 드캉돌을 최초로 여러 가지 설이 제시되었다. 보리에 대한 가장 기본적인 문제의 논쟁은 2조에서 6조로의 진화와 6조에서 2조로의 진화 중 어느 설이 타당할까 하는 문제이다. 드캉돌을 비롯한 초기의 연구자는 전자라고 하였으며, 그 후의 연구자는 오베르그를 비롯하여 후자를 지지하였다. 오베르그는 보리족(族) 식물의 형태변화가 기관의 퇴화 방향으로 진행되고 있음을 관찰하고 6조종의 꽃이 퇴화하여 2조종이 생겼으며 2조종에서 관찰되는 양쪽 소수의 빈약하고 불임인 것은 덜 발달된 것이 아니고, 퇴화한 흔적기관으로 보는 것이 타당하다고 하였다. 야생 6조종에서 야생 2조종이 생겨났다는 설은 이미 1932년 독일의 쉬만(Schiemann)이 제기하였으며, 이 설은 오베르그가 야생 6조종을 발견한 이후 많은 사람들의 지지를 받았다.

야생 2조종과 야생 6조종의 기원 문제는 뒤로 미루고 각각의 재배종 기원에 대하여 살펴보자.

1940년 프라이슬레벤(Freisleben)은 중앙아시아 동부에서 야생 6조종으로부터 재배 6조종이 성립되어 동쪽과 서쪽으로 전파되고, 서쪽으로 전파된 재배 6조종이 야생 2조종의 분포지역에 도달하여, 거기서 야생 2조종과 자연교잡이 일어나 그 잡종자손에서 재배 2조종이 기원되었다고 주장했다.

다카하시(高橋隆平)는 이삭의 탈락성에 대한 유전양상을 밝혀내고, 그 유전자형을 설정하였다. 2조와 6조 야생종은 어느 것이나 같은 유전자형을 가지며 재배종은 세 가지의 유전자형, 즉 비탈립성 유전자에는 E형, W형, We형이 있다고 하였다. 이것에 근거하여 다카하시 등은 세계 각지의 많은 보리품종에 대하여 소수 탈락성에 대한 유전자형을 조사하였다. 그 결과 중국 대륙, 한국의 남부, 일본 남부의 품종은 거의 전부가 E형임을 알았다.

한편, 이보다 서쪽 또는 북쪽에 해당하는 인도, 서남아시아, 유럽, 러시아, 만주, 북한, 일본 북부의 품종은 W형이 대부분이며, 그 외 E형이 20~40%, We형이 조금 존재한다고 하였다.

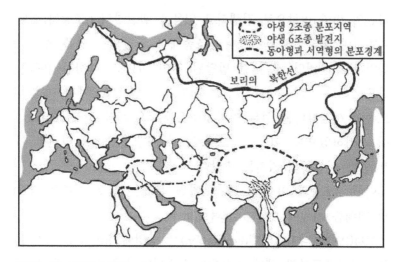

〈그림 19〉 야생 2조종(H. Spontaneum) 및 야생 6조종(H. Agriocrithon)의
분포지역과 재배보리의 동아형 및 서역형의 분포경계(高橋, 1955)

또, 이 지역의 재배 2종은 95%가 W형이며, 6조 겉보리는
60%가 W형이고 40%가 E형이었다. 또한 이 지역의 6조 쌀보
리에는 E형이 많음을 알아냈다. 따라서 야생 2조종 및 야생 6
조종의 분포지역과 재배보리의 동아형 및 서역형의 분포경계는
〈그림 19〉와 같다.

　이상의 결과로, 다카하시는 1955년 다음과 같이 보리의 기원
에 대하여 설명하였다. 즉, 〈그림 20〉에 나타낸 것과 같이 최초
로 동아지역에서 야생 6조종이 재배되기 시작하여 돌연변이로
소수의 비탈립형인 재배 6조종(E형)이 생겨났다는 것이다. 한편,
서양지역에서 야생 2조종의 돌연변이로 재배 2조종(W형)이 생
겨났다. 그리하여 기존의 재배 6조종(E형)은 서양지역에서 재배
2조종(W형)과 가끔 자연교잡이 일어나 새로운 형인 재배 6조종
(W형과 We형)이 생기고, 이것이 주로 서양지역에 전파되었다.

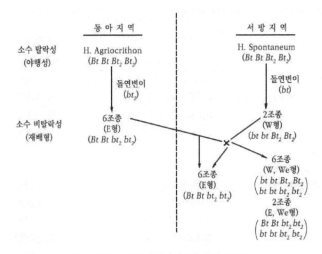

〈그림 20〉 재배보리의 계통 및 지리적 분포(高橋, 1955)

또, 재배 2조종에 E형이 거의 생기지 않는 이유는 2조종과 6조종의 잡종자손에서 나타나는 2조종은 현저하게 생육이 떨어지기 때문에 2조종인 E형은 도태될 가능성이 많다고 하였다.

다카하시, 오베르그, 그 밖의 연구자에 의하여 그 후 20년 가까이 보리의 기원은 일단 해명된 듯했으나 요즈음 또다시 이전부터 의문시되었던 탈립형 6조종의 문제가 등장했다.

근동지역의 야생 2조종 자연집단에서 오베르그가 발견하여 야생 6조종이라고 명명한 아그리오크리톤(H. Agriocrithon)과 같은 것이 상당히 광범위한 지역에서 빈번히 발견되었다. 이것은, 야생 2조종과 재배 6조종의 자연교잡에서 유래하는 것으로 현재도 자주 생기며 진정한 야생종이 아니라고 하는 견해가 유력해졌다. 더구나 종래의 고고학적 자료에 의하면, 기원전 5000년경의 이집트 미라의 위장에서 보리껍질이 많이 검출되

〈표 7〉서남아시아의 대맥 발굴장소와 그 연대
주) 발굴장소의 지점은 〈그림 3〉 참조(阪本, 1970)

종명	발굴 장소	연대(기원전)
야생보리	델 무례이비드(시리아)	8600~7500
(Hordeum Spontaneum)	베이다(요르단)	약 7000
	하지라르(터키)	약 6900
	아리 고슈(이란)	6900
재배보리		
(Hordeum Vulgare)		
2조 겉보리	자르모(이라크)	6750
	하지라르(터키)	약 5600
6조 쌀보리	아리 고슈(이란)	6900
	하지라르(터키)	약 5600
	차탈 퓨크(터키)	5550
6조 겉보리	아리 고슈(이란)	약 6000
	델 에스 사완(이라크)	5800~5600
	하지라르(터키)	약 5600
	테페 사브스(이란)	4500

었으며, 그것은 모두 6조종이었다. 그 외 모든 자료는 2조종보다 6조종이 더 오래되었음을 나타내며, 6조종에서 2조종이 출현했다는 설에 유력한 근거가 되었다.

그러나 덴마크의 고고학자인 헬베크의 상세한 고고학적 조사로 야생 2조종의 가장 오래된 출토품은 시리아의 델 무례이비드의 기원전 8600~7500년의 것이며, 또 재배 2조종은 기원전 6700년의 이라크 자르모 주거지에서 밀과 함께 출토되었다. 한편, 재배 6조종의 가장 오래된 출토품은 기원전 6900년의 것인 이란의 아리 고슈의 유물이다(표 7).

위와 같이 여러 면으로 보아 최초로 6조종이 출현하고, 그후 6조종에서 2조종이 성립하였다고 하는 근거가 빈약하게 되었다. 야생 2조종은 재배보리의 기원과 진화의 출발이라고 하는 오래된 학설이 1963년 주로 바크타이예프(Bakhteyev)나 1959년 헬베크에 의하여 부활되었다.

바크타이예프는 크림, 아르메니아, 아제르바이잔 지역에서 기원전 3000~2000년경의 유적으로부터 탄화된 종자를 발견하였다. 이 보리는 6조종으로 양쪽의 소수에 짧은 소수축이 붙어 있어 화석식물을 라군쿠리포르메(H. Lagunculiforme)라 명명하였다. 그 후, 투르크멘이나 아제르바이잔에 자생하는 야생 2조종 집단이나 재배 2조종 밭에서 이 화석식물이 현존하는 것을 발견하였다. 이것은 6조종이 2조종에서 돌연변이로 출현할 가능성을 시사하는 것이라 하였다.

헬베크는 야생 2조종은 재배 2조종과 재배 6조종의 공통된 선조종이라고 하였다. 야생 2조종의 자생지역인 이라크와 터키의 자그로스 산악 지대인 자르모에서 출토된 재배 2조종이 나타내고 있는 것과 같이, 기원전 7000년경에 야생 2조종의 재배화가 산악 지대에서 시작되어 재배 2조종이 성립했다고 하였다. 그리고 메소포타미아 평지에 내려와 관개되는 조건에서 널리 재배되기 시작하였을 때, 그중에서 돌연변이로 재배 6조종이 생기고 그것이 세계 각지에 널리 전파되었다는 설을 발표하였다. 2조종과 6조종의 차이는 유전자 하나의 차이이며, 2조종이 우성인 것은 유전분석으로 증명되고 있다.

이 설에 의하면 재배 6조종이 기원된 연대는 고고학적 자료로 미루어 보아 기원전 5000년경이며 그 지역은 메소포타미아의 저지대이다. 또, 오베르그가 동부 티베트에서 발견한 아그리오크리톤은 야생 2조종의 분포지역에서 발견되는 것으로 보아

2조종과 6조종의 잡종에서 기원되었으며, 재배 6조종의 선조종은 아니다. 동부 티베트의 히말라야 주변지역은 야생 2조종의 분포지가 아니기 때문에, 아마도 야생 2조종의 분포지역에서 재배 밀과 함께 전파되었다고 생각된다. 기원전 5000년경의 메소포타미아나 이집트의 충적평야에서는 2조종보다 관개 농경에 적합한 6조종이 급격히 전파되어 재배되었다고 생각된다.

그러나 1963년, 다카하시는 재배 2조종과 재배 6조종의 탈락성을 지배하는 유전자가 서로 다르고, 그리고 평야지에서는 재배 2조종의 고고학적 자료가 없는 것으로 보아 재배 6조종이 생겨났을 때, 자르모에 출현한 재배 2조종은 그 후 절멸하고 현재의 재배 2조종은 비교적 늦게 같은 지역에서 야생 2조종으로부터 또다시 생긴 것이라고 추측하고 있다.

더구나 1971년 다카하시는 라군쿠리포르메와 야생 2조종의 2~3형질에 대한 유전학적 연구로 바크타이예프의 가설을 지지하고, 전자는 야생 2조종에서 재배 6조종으로 진행되는 이행형이라는 것을 실증하였다. 따라서 그의 연구는 야생 2조종에서 재배 2조종과 재배 6조종이 독립적으로 기원되었을 가능성을 시사하는 것으로 보리의 기원에 대한 중요한 생물학적 근거를 제공하였다. 그러나 재배 6조종의 발상지가 명확히 밝혀졌다고만은 할 수 없으며, 동아시아와 서역에 존재하는 재배 6조종의 관계 및 발상지와 전파에 대해서는 앞으로의 연구, 특히 코카서스로부터 투르키스탄에 이르는 지역의 고고학적 연구가 필요하다.

4. 호밀

밀밭의 잡초가 된 호밀이 재배식물이 되었다. 장차 이것은 새로운 작물을 개발하는 지침으로서 많은 교훈을 줄 것이다.

호밀은 밀의 근연식물이며, 밀과 교잡이 가능한 식물임과 동시에 그들의 근연식물 중에서는 유일한 재배식물이다. 따라서 야생종을 포함하는 호밀 속은 밀의 유전자 공급원으로서도 중요한 식물이다. 현재도 호밀은 러시아, 폴란드, 독일 지역에서 재배되고 있으며 특히 러시아에서는 세계 총 생산량의 절반 가까이를 생산하고 있다. 호밀의 가루는 밀 다음으로 좋으며, 흑빵의 원료가 된다. 또, 여문 종자나 짚은 사료로 이용될 뿐만 아니라 청예사료로도 종종 이용되고 있다. 내한성이 강하여 섭씨 영하 25도 이하인 곳에서도 월동이 가능하며, 척박지에서도 잘 생육한다. 호밀은 다른 맥류와는 달리 타가수정을 한다. 이용하는 방법에 따라서는 미래의 인류에게 많은 공헌이 기대되는 작물의 하나이다.

재배호밀(Secale Cereale)은 바빌로프가 제안한 것과 같이, 북반구의 고위도 지역(아마도 코카서스나 투르키스탄 지역)에서 밀밭이나 보리밭의 잡초로 생육하던 과정에서 기원되었다. 즉, 2차작물인 것이다. 이와 같은 과정은 현재 재배되고 있는 호밀의 종자가 밀이나 보리종자보다 큰 것을 보아도 알 수 있다. 종자가 작은 호밀의 야생종이 밀밭이나 보리밭의 잡초로 생육을 계속하기 위해서는 밀이나 보리보다 빨리 발아하여 초기의 생육이 강해야 할 필요가 있다. 이와 같은 성질을 갖는 것은 살아남고, 그 외의 것은 도태되기 때문에 종자가 현재와 같이 커지게 되었다.

또한 호밀의 줄기는 강하여 좀처럼 도복하지 않게 되었다. 탈락성인 종자는 밭에 그대로 남아 있어 밭을 갈 때 많이 없어진다.

한편, 돌연변이로 생긴 비탈락성의 종자는 밀이나 보리와 함께 수확되어 밀이나 보리종자와 함께 다시 파종되고, 결국에는 재배형이 생겨났다. 또한, 이와 같은 상태가 반복되는 동안 추위가 혹심한 북방지역에서는 밀이나 보리보다 적응성이 높아 잡초형인 호밀은 작물인 밀이나 보리를 누르고, 결국에는 작물로서의 호밀로 독립한 것이다. 호밀의 재배는 밀이나 보리와 자주 혼작 형태를 취하고 있다. 그것은 호밀이 작물로서 성립한 과정을 잘 설명하고 있는 것이다.

이와 같은 과정을 논증하는 좋은 사실이 있다. 앞에서 이미 설명하였지만, 유럽의 빵밀은 호밀과의 교잡친화성이 낮은 계통이 많다. 호밀은 타가수정 식물로 개화할 때는 많은 화분을 날려 보내어 화분이 비산하는 것을 눈으로 볼 수 있을 정도이다. 호밀의 화분으로 수정된 밀은 호밀과 밀의 잡종이다. 이 잡종은 불임으로 종자를 맺지 않기 때문에, 혼작과정에서 호밀과 교잡되기 쉬운 밀의 계통은 도태되고 호밀과 교잡친화성이 낮은 계통이 남았다.

중국이나 일본의 빵밀은 호밀과 쉽게 교잡된다. 이것은 중국이나 일본의 빵밀과 호밀은 별도로 전파되어 단작 형태로 재배되어 왔기 때문이다.

호밀 속의 야생종 중에서 가장 원시형은 터키, 이란의 북서부, 트랜스코카서스, 발칸반도, 이탈리아 남부지역에 자생하는 다년생인 몬타눔(S. Montanum)이다. 그 밖의 야생종은 모두 몬타눔에서 유래하였다. 그렇다면 재배호밀의 선조종은 몬타눔이라는 말이 된다. 그러나 이 종은 진정한 의미의 야생종이며 잡초형은 아니다. 재배호밀의 기원 과정으로 볼 때, 직접적인 선조종은 잡초형에서 찾는 것이 타당할 것이다. 잡초형인 호밀은 서남아시아, 소아시아, 코카서스, 중앙아시아, 아프가니스탄에 널리 분포하며 쉽게 눈에 띈다.

한편, 바빌로프의 유전자중심설에 따라 재배호밀의 변이를 조사해 보면, 두 개의 중심지가 떠오른다. 하나는 트랜스코카서스, 터키, 이란의 북서부 지역이며, 다른 하나는 아프가니스탄, 이란의 북동부, 투르키스탄 지역이다. 즉, 카스피해로 두 지역이 격리되어 있다. 이 지역에는 양 지역에 공통되는, 또는 각 지역의 고유한 잡초형인 호밀이 성립되어 있다. 호밀의 선조종인 몬타눔의 자생지이며 변이가 풍부한 것으로 보아, 전자인 트랜스코카서스 지역이 제1차 중심지이며 후자는 제2차 중심지로 볼 수 있다. 더구나 두 중심지에 분포하는 잡초형인 세게타레(S. Segetale)는 의심할 여지가 없는 재배호밀의 직접적인 선조종이다.

야생종은 종자가 작고 풍만하지 못하며 초형은 포복성이고, 이삭은 완전한 탈락성임에 비하여, 잡초형인 세게타레는 종자가 약간 비대하고 초형은 직립형으로 이삭의 선단부만이 탈락성을 보인다. 세게타레는 재배 호밀로 진행되는 이행형임을 명확하게 나타내고 있다. 이 세게타레가 양 지역에 분포하고 있는 것으로 보아, 트랜스코카서스에서 호밀의 재배화가 시작됨과 동시에 2차 중심지인 중앙아시아로 전파되었고, 그 지역에

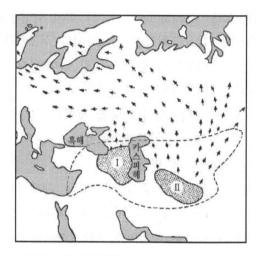

Ⅰ : 제1차 중심지   Ⅱ : 제2차 중심지   — : 잡초형 호밀의 분포지역
(화살표는 전파 경로를 나타낸다)

〈그림 21〉 호밀의 발상지와 전파경로(Khush, 1963)

서도 재배화되었다. 이와 같이 잡초형에서 비롯한 재배화는 그 후 자주 일어났을 가능성이 있다. 바빌로프는 2차 중심지인 아프가니스탄 지역에서 이 잡초형이 재배되고 있음을 보았다.

고고학적 자료에 의하면, 유럽에는 기원전 2500~2000년에 도입되었기 때문에 아마도 기원전 3000~2500년, 또는 그 이전을 전후하여 재배화되었다고 생각된다. 유럽으로 전파된 것은 2차 중심지인 중앙아시아의 호밀이며, 트랜스코카서스 지역의 호밀은 그 지역에 접해 있는 코카서스와 북부지역에 한정되어 전파되었다. 트랜스코카서스 지역에 있는 호밀 이삭의 색깔은 흑색과 적갈색 등의 여러 가지 변이가 있으나, 중앙아시아의 것은 황색으로 한정되어 있다. 이삭의 색깔을 지표로 유럽의 호밀을 조사해 보면, 앞에 기술한 전파경로가 추정된다(그림 21).

이상은 주로 1963년 미국의 쿠시(Khush)가 주장하는 것이며 1971년 헬베크는 중앙아시아를 1차 중심지라고 하였다. 중앙아시아의 출토품이 더 오래되었다고는 하나, 모두 기원전 1000년 이후의 새로운 것에 대한 비교이며 이와 같은 설에는 납득할 수 없다.

호밀과 밀의 밀접한 관계는 이미 이해되었다고 생각한다. 호밀의 진화는 밀의 진화에도 상당히 공헌하였음을 부정할 수 없다. 호밀은 밀과 같이 염색체수 7을 기본수로 하는 2배체 종이다. 이들 게놈 간의 친화성은 대단히 낮고 그 잡종은 완전한 불임이나, 유전자의 도입이 불가능한 것은 아니다. 또, 밀과 호밀의 염색체를 모두 가지는 합성종을 쉽게 만들 수 있다. 이와 같은 합성종을 라이밀(Rye-Wheat)이라 부른다.

호밀은 러시아, 독일, 스웨덴, 미국, 캐나다, 일본 등에서 적극적인 연구가 이루어지고 있다. 또한 고지대나 한랭지, 척박지 등의 불량한 환경에 적응성이 높은 호밀의 특성은 대부분 밀에 도입할 필요가 있다. 현재도 호밀의 많은 잡초형들이 자연계에 그대로 자생하고 있는 것으로 미루어 보아, 유용한 새로운 유전자원으로 기대되기 때문에 이 지역의 밀과 호밀을 항상 탐색하고 수집할 필요가 있을 것이다.

5. 벼

일본인의 주식으로 긴 역사를 걸어온 벼는 멀리 남방기원의 도입
종에서 일본 특유의 품종으로 개량한 역사적 유산이다.

벼는 밀과 함께 인류에게 가장 중요한 작물이다. 세계 식량농
업 기구(FAO)의 조사에 의하면, 1971년의 세계 곡물생산량은
밀이 343억 톤, 벼가 307억 톤(쌀로 환산하면 200억 톤)이다.

벼는 벼과 벼 속에 속하며, 벼 속은 약 26종이다. 그중 재배
종은 2종이며, 하나는 아시아를 중심으로 세계 각지에서 널리
재배되고 있는 아시아 벼(O. Sativa)이고, 다른 하나는 서부 아
프리카의 니제르강 중류지역의 고유 재배종으로, 그 지역에서
만 재배되는 아프리카 벼(O. Glaberrima)이다. 그 외의 야생종
은 세계 각지의 열대 습지대에 널리 분포해 있다. 그 분포로
보아, 벼 속 식물은 현재의 모든 대륙이 형성되기 이전에 이미
널리 분포되어 있던 식물이다. 그 분포지역은 아시아의 몬순
지역, 중앙 및 남아메리카, 북부 오스트레일리아, 서부 및 중앙
아프리카 지역이다. 염색체수는 12를 기본수로 하는 2배체 종
과 4배체 종이 있으며, 재배종은 어느 것이나 2배체 종이다.
야생종에는 완전한 잡초형도 있다.

1) 선조종을 찾아서

벼의 기원에 대해서는 아시아 벼를 중심으로 많은 설이 제기
되었다. 드캉돌은 중국에서는 기원전 2800년경 신농황제(神農皇
帝)가 제정한 의식에 다섯 가지 작물을 파종하는 습관이 있었으
며, 벼는 황제 자신이 파종하였다는 문헌을 인용하여 중국 고

유의 것이라고 생각했으며, 인도는 중국보다 뒤에 재배되었다고 하였다.

그러나 그는 인도에는 벼를 부르는 이름이 많다는 점, 고대 그리스나 아랍의 벼 이름이 범어(梵語)에서 유래하였다는 점, 또 중국에는 야생종에 대한 문헌이 없으나 인도에는 야생종이 널리 분포하고, 그것을 채집하여 식용하였다는 기록이 있다는 점 등의 근거로 인도일 가능성도 인정하고 있다.

중국설을 강하게 주장한 연구자는 중국의 정영(丁穎)이다. 그는 기원전 3000년에서 2200년 사이의 벼에 관한 많은 문헌을 찾아내어, 중국에서의 재배는 기원전 1000년경에 확립되었다고 하였으며, 중국 동남해안 지역의 야생벼이며 소립종인 미누타(Oryza Minuta)를 선조종이라고 하였다. 와트(Watt)는 인도에서 의식행사에 널리 이용되었다고 하여 인도설을 주장하였으며, 중국에는 기원전 3000년에 남아시아 및 동남아시아에서 전파되었다고 하였다. 또한 그는 벼의 선조종은 하나가 아니고 다원적이라고 하였다. 이 밖에 인도설을 주장한 사람으로 바빌로프, 차테르제(Chatterjee) 등을 들 수 있다. 그러나 차테르제는 반드시 인도만이 아니고, 아시아의 남부나 남동부의 넓은 지역을 생각하였다.

로쉐비치(Roschevicz)는 벼의 근연 야생종이 아프리카에 많이 분포하고 있음을 들어, 아프리카를 벼 속의 중심지라고 생각하였다. 아프리카의 벼는 아프리카의 야생종인 브레빌리굴라타(Oryza Breviligulata)에서 기원되었으며, 인도와 중국, 인도차이나의 벼는 그 지역의 야생종인 스폰타네아(Oryza Sativa F. Spontanea)에서 기원되었고, 또 어떤 계통은 오피시날리스(O. Officinalis)에서 기원되었다고 하였다.

삼파스(Sampath) 등은 다년생 야생종인 페레니스(O. Perennis)
에서 아시아와 아프리카의 벼가 기원되었다고 하였다. 그 이유
로, 이 야생종은 벼 속의 여러 가지 야생종이 분포하는 지역에
널리 분포하고 있다는 점과 염색체수가 벼와 같다는 점을 들었
다. 한편, 과거 많은 사람들이 벼의 선조종으로 생각하던 1년생
야생종인 스폰타네아는 페레니스와 사티바의 잡종과 흡사하고
더구나 스폰타네아가 자연계에서 유전적으로 잡종성을 나타내고
있는 점으로 보아 선조종의 조건을 갖추지 못한다고 하였다.

그 외 인도차이나설, 히말라야 주변설, 필리핀 또는 주변 도
서(島嶼)설 등 여러 가지 설이 제기되었다.

근래에 이르러 게놈분석과 형태분석 등 생물학적 연구가 진
전되어 벼의 기원도 점차 하나로 정리되어 왔다.

재배종인 아시아 벼와 아프리카 벼는 각각 선조종이 다르다.
즉, 아시아 벼의 선조종은 페레니스이며 아프리카 벼의 선조종
은 브레빌리굴라타이다. 이 4종 사이의 모든 잡종조합은 세포학
적으로 정상적인 염색체대합을 나타내기 때문에 모두 같은 A게
놈에 속한다고 보고 있다. 그러나 선조종을 포함한 아시아 벼군
(群)과 동일하게 그 선조종을 포함하는 아프리카 벼군과의 잡종
은 염색체대합이 정상임에도 불구하고 불임을 나타내고 있다.

아시아 벼의 선조종인 페레니스는 고온다습한 열대지역에 널
리 분포하며 분포지역에 따라 아시아형, 아프리카형, 아메리카
형, 오스트레일리아형의 네 가지형으로 대별된다. 아시아 벼의
선조종은 아시아형 페레니스이며, 그것에는 일년생과 다년생이
있고 동남아시아 및 남아시아에 널리 분포한다. 다년생은 지하

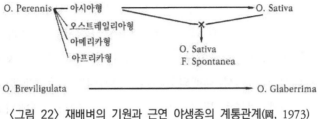

〈그림 22〉 재배벼의 기원과 근연 야생종의 계통관계(岡, 1973)

경이 발육하여 해마다 생육을 계속하는 숙근성이다. 또 재배벼
인 부도(浮稻)계통은 원래 페레니스에서 유래한 것이며, 우기가
되면 물이 깊게 고이는 곳에서 자란다. 페레니스의 부도형은
물이 불어남에 따라 절간(節間)이 길게 신장하여 3m 이상의 수
면 위까지 신장하며 생육한다.

1973년 오카(岡彦一)는 페레니스가 선조종인 이유를 다음과
같이 설명하고 있다.

(1) 아시아 벼와 페레니스와의 잡종은 임성이 있으며, 쉽게 정상적
인 자손을 남길 수 있다.

(2) 이들 종은 열대 아시아에서 항상 같은 분포를 보이고 있으며,
이들 간의 잡종집단이 자연 상태에서 관찰된다.

(3) 이상과 같은 사실이 다른 야생종과의 사이에서는 보이지 않는다.

다년생은 일년생보다 유전적으로 변이성을 많이 보유하고 있
기 때문에 재배형으로의 진화를 충분히 달성할 수 있다는 점,
또 다년생은 영양 번식이 가능하다는 점을 증명하였다. 이때,
야생형이 재배형으로 되어가는 변이의 축적은 종자번식보다 용
이하다는 등의 이유로, 특히 다년생을 선조종이라 하였다.

아프리카 벼의 선조종인 브레빌리굴라타는 서아프리카 니제
르강 중류의 습지대에 자생하는 일년생 식물이다. 이 야생종이

아프리카 벼의 선조종이라는 이유도 아시아 벼의 경우와 같다.

오카는 두 가지 재배벼의 기원 계통도를 〈그림 22〉와 같이 나타냈다. 아시아 벼는 고도로 분화되어 세계의 벼로 진화하여, 지금은 세계 각지에서 재배되고 있다. 아프리카 벼는 재배형으로 진화되는 것에 머물러 발상지에 한정된 고유종으로 재배되고 있음에 지나지 않는다. 그 이유는 오카가 주장한 바와 같이 주로 두 가지 선조종의 차이에 의한 것이며, 벼의 기원에서 보여주는 현상은 재배식물의 육성에 중요한 지침을 안겨주고 있다.

두 가지 벼의 기원에 대한 차이는

(1) 페레니스는 세계 각지에 널리 분포하며 일년생에서 다년생까지 있다. 한편, 브레빌리굴라타는 서부 아프리카에 한정되어 분포하며 전형적인 일년생 초본이다.

(2) 페레니스의 다년생 집단은 브레빌리굴라타보다 많은 유전적 변이성을 보유하고 있다.

(3) 아시아 벼의 품종군은 인도형과 일본형으로 대별된다. 한편, 아프리카 벼에는 이와 같은 분화가 없다.

(4) 아시아 벼의 품종 간 잡종 1대의 종자임성은 불임인 것으로부터 고도의 임실성(稔實性)을 갖는 것까지 여러 가지 변이를 보인다. 한편, 아프리카 벼의 품종 간 잡종 1대에서는 모두 임성을 나타낸다. 잡종 1대 식물은 이 임실성과는 반대로 아시아 벼에서는 언제나 잡종강세가 보이나 아프리카 벼에서는 잡종약세를 자주 보인다.

(5) 근대 육종기술에 의한 품종개량은 아시아 벼의 경우는 적극적으로 이용되어 왔으나, 아프리카 벼의 경우는 적극적으로 이용되지 않았다.

이상과 같은 벼의 기원은 2배체 종이 변이의 축적으로 재배종으로 진화되는 길을 걸어왔으며, 밀은 서로 다른 2배체 종의 게놈 축적으로 빵밀처럼 진화하여 재배종이 성립하였다. 인간의 주식을 제공하는 2대 곡물인 벼와 밀의 진화과정이 서로 다른 방식을 취하고 있는 점은 흥미 있는 일이다.

그러면, 앞에서 선조종이라고 생각하는 주된 문제에 대하여 알아보기로 하자. 최후까지 선조종으로서 가능성이 높다고 생각되었던 것은 스폰타네아이다. 이 종은 쌀의 주산지인 인도와 미얀마 등의 논이나 늪과 같은 습지에 자생하는 잡초이다. 특히 논에서는 귀찮은 잡초이다. 재배종과 쉽게 자연교잡이 이루어지기 때문에 논에서 이 잡초를 제거하지 않는 한, 아무리 좋은 품종이라 할지라도 그 자손은 수년 후에는 열악한 개체가 증가한다.

스폰타네아는 일반적으로 야생형과 재배벼의 중간형을 나타내고 있으며, 초장과 경엽 등의 상태는 재배종인 아시아 벼와 같고 다른 점이 있다면, 야생종과 같이 종자가 여물면 탈락하는 점이다. 재배벼의 수반식물이라는 점과 그 형태로 보아 스폰타네아가 선조종이라고 생각한 것은 당연하다. 그러나 앞에서 언급한 바와 같이, 스폰타네아는 아시아 벼와 그 선조종인 페레니스와의 잡종자손이며, 그 후 논의 잡초가 되어 재배벼와의 교잡으로 양자 간에는 유전자의 교환이 일어나 현재는 더욱 재배벼와 흡사하게 보이는 결과가 되었다.

그 외, 정영이 제안한 미누타는 동남아시아에는 자생하고 있으나 중국에는 자생하는 것이 보이지 않으며 더구나 그것은 4배체 종으로 전혀 다른 게놈을 가지고 있다. 또, 가끔 재배종인 어떤 계통의 기원에 직접 관여하였다든가, 또는 품종분화에 기여하였다고 생각되었던 오피시날리스는 남아시아와 동남아시아에 자생하는 2배체 종이나, 이 2배체 종도 재배벼와는 전혀 다른 게놈으로 재배벼와 오피시날리스의 잡종은 완전한 불임이다. 이상의 이유로 스폰타네아, 미누타, 오피시날리스 3종은 선조종으로서의 가능성이 전혀 없다.

2) 언제, 어디에서

야생종에서 재배화가 이루어진 장소, 즉 아시아 벼의 발상지는 페레니스의 아시아형 분포지역 내로 한정된다. 특히 인도로 한정하는 설, 인도, 미얀마, 인도차이나 및 중국 남부를 포함하는 설, 이렇게 두 가지 설이 있었으며 그중 인도설이 유력하다.

네이어(Nair)는 특히 인도의 남서부인 말라바르 해안을 기원의 중심지로 생각하였다. 그는 이 지역에는 많은 야생종이 존재하며 변이의 다양성과 많은 우성유전자의 집적이 있음을 강조하였다. 미즈시마(水島)는 벼의 원시형이 인도에 가장 많음을 들어 인도설을 지지하였다. 오카(岡) 등은 인도의 오리사주 서부산악의 삼림지대에서 야생형에서 재배형까지의 연속적인 변이를 보이는 집단을 발견하였다. 또, 인도 중앙부의 길가 또는 논에서 페레니스의 잡초형을 발견하였다. 이 잡초형은 일년생인 선조종과 재배종 사이의 여러 가지 이행형을 나타내며, 재배종처럼 휴면성 및 타가수정이 적은 것부터 야생종처럼 타가수정이 많은 것까지 여러 가지가 있는 것을 발견하였다.

그 연대는 고고학적 자료로 판단하여야 하나 건조지역과는 달리 고온 다습한 지역에서는 완전한 식물유체의 발견을 기대

〈그림 23〉 인도의 벼 발굴장소와 그 연대(Vishnu-Mittre, 1974)

하기 곤란하다.

정영은 양쯔(揚子)강 유역의 우칸(Uckan) 계곡에서 약 15㎞ 떨어진 2개소에서 왕겨와 종자를 발견하였다. 이것은 황허(黃河) 하류 지역의 신석기시대인 양사오(仰韶)문화보다 후대의 것이라고 한다. 중국의 신석기시대의 확립은 양사오시대이다. 앤더슨(Anderson)은 이 시대를 기원전 2200~1700년으로 생각하였다. 장(張, Chang)은 그보다 더 오래전인 기원전 4000~3000년으로 생각하였으나, 이 시대는 오히려 조가 식량의 기반을 이루고 있었다. 따라서 벼는 양사오시대 이후에 동부 중국에서 시작되었으며, 왓슨(Watson)은 기원전 1650년경이라고 생각하였다. 앞의 것을 종합하면, 중국에서의 벼 재배는 결코 오래된 것이 아니며 재배벼는 뒤에 도입되었다고 보아도 좋을 것이다.

인도의 발굴물은 토기에 있는 흔적에서 찾아볼 수 있다. 인

〈표 8〉 각종 야생 및 재배벼의 탄화종자 감별기준

단위 : ㎜(평균값) (Vishnu-Mittre, 1974)

종명	길이	폭	두께	폭/길이	길이/폭 ×두께
Oryza Perennis					
인도계	8.12	2.29	1.61	1.42	2.21
동남아시아계	8.13	2.28	1.60	1.42	2.20
O. Officinalis	4.25	2.12	0.85	2.49	2.36
O. Rufipogon	7.00	2.65	1.00	2.65	2.64
O. Spontanea					
인도계	8.82	2.55	1.95	1.30	1.77
동남아시아계	8.70	2.65	1.83	1.44	1.79
O. Sativa					
인도계	5.25	1.88	1.22	1.54	1.70
일본계	6.50	2.75	1.38	1.27	1.71

도에서는 왕겨를 점토에 섞어서 토기를 만드는 습관이 있다. 발굴물의 벼가 야생종인지 또는 재배종인지는 까락이 있고 없음으로 감별한다.

1974년 비슈누 미터(Vishnu Mittre)에 의하면, 인도의 벼에 대한 발굴물은 약 26개소에서 출토되었다(그림 23). 그는 출토물인 벼의 감별은 벼알의 길이÷(폭×두께)의 수치로 감별하는 것이 가장 효과적이라고 하였다. 그가 측정한 지표를 나타내면 〈표 8〉과 같다.

재배벼로 가장 오래된 것은 기원전 2300년의 것으로 로세르(아메다바드 지방)에서 출토된 것이다. 그러나 출토품은 인더스강 유역보다도 갠지스강 유역의 것이 대부분이었다. 한편, 밀이나 보리는 기원전 2500년경의 것이 가장 오래된 것이며 인더스강 유역에 많았다. 이 시기는 인더스문명이 성립되어 메소포타미아와 교류가 빈번했던 시기였음을 생각할 때, 인도의 북서부에 제일 먼저 도입되어 점차 남으로 전파되었을 것이다.

매장되어 있는 화분분석으로 식물상의 변천을 조사해 보면, 기존의 식물상이 교란되어 벼과 식물의 화분이 갑자기 증가되는 연대는 기원전 2500년경으로 이 시대는 농경이 완전히 확립된 것으로 보인다. 아마도 기원전 4000~3500년경에 벼의 재배가 시작되었으며, 중국에는 기원전 2500년경에 전파되었다고 생각된다. 또한 그 발상지는 인도의 동해안 지역이며 서해안으로 전파되어 기원전 2500년경에는 인더스문명의 식량 기반이 되었다고 생각된다.

캘리포니아대학의 인문지리학자인 사우어(Sauer)는 벼의 야생종은 최초에 토란의 잡초로 밭에 침입하여 그 후 재배화되었다고 하며, 옛날부터 오랜 세월 근재농경(根栽農耕)에 주로 의존하여 오던 지역에 인접한 동해안에서는 그가 지적한 것과 같은 가능성이 일어날 수 있을 것이다. 또 배로(Baro)는 고대에는 근재농경이 이루어지고 있었으며, 야생벼의 재배화에는 관심을 갖고 있지 않았으나 아시아 내륙에서 남쪽으로 이동해 온 잡곡을 주로 하는 농경민족이 야생벼에 주목하여 재배화가 시작되었다고 하였다. 그러나 조나 피와 같은 잡곡의 기원이 보이는 이른바 잡곡 농경문화를 확립한 인도지역은 이와 같은 외적인 영향보다는 고대 인도인의 독립된 농경으로 벼가 재배되기 시작하였다고 보는 것이 좋을 것이다.

서부 아프리카의 니제르강 중류의 습지대에 있는 논에는 선조종인 브레빌리굴라타가 잡초로 생육하고 있으며, 두 종간에는 잡종도 관찰된다. 또한, 선조종의 자연집단에서도 야생종에

서 재배종까지의 다양한 형태변이가 발견되고 있기 때문에 이
지역은 포르테르(Porteres)가 지적한 것과 같이, 아프리카 벼의
발상지일 것이다. 그는 아프리카 벼가 성립된 연대를 기원전
약 1500년이라고 추정하였다. 이 지역 원래의 원주민인 반투
족은 야생벼를 채집하고 있었으며, 그 후에 이주해 온 니그로
족이 재배화하여 아프리카 벼가 성립하였고, 계속하여 만데족
에 의하여 재배종으로 더욱 개량되었다고 하였다. 그는 이에
대하여 몇 가지 증거를 들고 있다.

이 지역에는 호수와 강이 많으며, 선조종은 많은 변이와 많은
우성유전자를 보유하고 있다. 또한, 아프리카 벼의 호칭은 분명
히 아시아 벼에서 유래한 것이 아닌 독자적인 것으로 반투족어
의 어원이라고 한다. 아프리카 벼는 아시아 벼와는 달리 서아프
리카의 제한된 지역에서 재배되고 있음에 지나지 않는다. 그 지
역의 식생활에서 벼의 의존도는 전체의 8%를 넘지 못한다. 고
대로부터 그 지역의 식생활은 이미 단백질 자원으 로는 물고기
와 들짐승, 전분 자원으로는 수수와 피의 일종이 있었기 때문에
적극적인 이용이 이루어지지 않았다고 생각하였다.

3) 아시아 벼의 분화

세계적으로 널리 재배되고 있는 아시아 벼는 그에 걸맞게 형
태적으로나 생리생태적으로 분화되어 있다. 이 사실을 최초로
밝힌 사람은 가토(加藤茂苞)와 그 일파이다.

1928년 가토(加藤)는 중국 및 인도품종과 일본품종을 교잡해
본 결과, 잡종 1대 식물에서 현저한 불임성이 나타나는 사실을
발견하고 외국에서 재배되고 있는 품종과 일본 품종과는 친화

〈표 9〉 아시아 벼 품종군의 분류와 비교

가토(加藤, 1928) 모리나가(盛永, 1954)	일본형	자바형	인도형
데라오(寺尾, 1939) 미즈시마(水島, 1939)	Ⅰa, Ⅰb군	Ⅰc군	Ⅱ, Ⅲ군
마쓰오(松尾, 1952)	A형	B형	C형
오카(岡, 1958)	온대 도서형	열대 도서형	열대 및 온대 대륙형
분포중심	일본	자바	인도
재배지역	일본, 한국, 중국 북부	자바, 셀레베스, 필리핀, 타이완	인도, 파키스탄, 인도차이나, 타이, 중국 남부, 타이완(평탄지)

성에 이상이 있음을 인정하였다. 더구나 외국 품종 간에, 또는 일본 품종 간에는 그와 같은 불임성이 나타나지 않는다는 사실과 그 밖에 형태적으로도 각각 다른 특성이 있다는 점 등을 종합하여, 재배벼를 인도형과 일본형으로 대별하였다. 이 연구결과는 세계의 주목을 끌게 되었으며, 그 후 일본의 연구자들에 의해 규모가 큰 많은 연구가 이루어져 불임성과 형태 면에서 몇 가지의 군으로 나뉜다.

예를 들면 인도형 중에 몇 품종은 일본형의 일부 품종과 교잡한 잡종이 상당히 높은 임성을 나타내고 있음이 판명되었다.

이와 같은 불임성과 형태적 및 생리생태적 변이로 연구자에 따라 각각 분류가 시도되었으며 그 대강을 〈표 9〉에 나타냈다. 표에 의하면 벼는 일본형과 인도형, 자바형으로 대별되며, 세 가지형의 형태적인 비교는 〈표 10〉과 같다.

〈표 10〉 아시아 벼의 형태적 특성

형질	일본형	자바형	인도형
분얼(分蘗)	보통	적음	많음
잎	좁고 농록	넓고 강하고 담록	넓고 담록
벼알	강모가 많고 길다	강모가 길다	강모가 적고 짧다
까락	무망~장망	무망~장망	무망
종자	짧고 둥글다	폭이 넓고 두껍다	가늘고 길며 편평
탈락성	적음	적음	많다

앞에서 언급한 것과 같이 일본형과 인도형 중에는 교잡에 의한 불임성을 나타내지 않는 것이 있다. 인도에는 감광성이나 감온성, 입지 조건 등의 생태적인 면에서 아우스(Aus)라고 부르는 조숙종과 인도의 논벼로 중요한 위치를 차지하고 있는, 아만(Aman)이라고 부르는 만생종 그리고 겨울에도 재배할 수 있는 보로(Boro)라는 세 가지 군이 있다. 또 자바형은 불루(Bulu)와 체레(Tjerech)로 나뉜다. 모리나가(盛永)와 구리야마(栗山)는 인도의 아우스군은 아만군과는 달리 일본 품종과 교잡되며, 일본에서도 충분히 성숙하는 것을 보고 아우스군에서 일본형이 유래한 것이며, 또 아우스군에서 자바형인 불루군도 유래되었다고 하였다. 오카는 인도에 있는 재배벼의 야생 선조종 중에 일본형과 인도형의 분화가 일어나고 있는 것을 발견하였다.

이와 같이 인도에서는 이미 벼의 분화가 일어났다. 물론 아우스인 인도형과 일본형과는 형태적 특성이 다르지만, 이것은 전파되는 과정에서 생긴 돌연변이 등에 의하여 성립된 것이다. 일본 벼를 생각함에 있어 중요한 중국 벼인 경(粳, Keng)은 일본형이며, 천(秈, Sien)은 인도형으로 생각되고 있다. 교잡식물의 임성으로 미루어 보아, 아시아 벼는 다음과 같은 생태적 분화를 나타냈다고 추측된다.

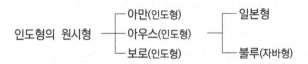

이와 같이 인도 지역은 변이의 보고이며, 인도는 아시아 벼의 발상지로서 그 조건을 구비하고 있다.

4) 벼의 전파

드캉돌에 의하면, 서쪽으로의 전파는 알렉산더의 동방원정 이후이며 인도에서 이란, 이라크, 시리아, 서양으로 전파된 것으로 보인다. 유프라테스강 유역에서는 기원전 400년경부터 벼농사가 시작되었고 아라비아, 이집트까지 전파된 것은 기원 700~1000년경이다. 스페인에는 아라비아 사람들에 의하여 전파되었으며, 이탈리아에는 1468년 재배되었다는 기록이 있다.

근동아시아의 서쪽인 밀의 재배지역에서는 벼의 재배 역사가 당연히 늦으며, 그 중요성이 별로 없었다. 신대륙인 브라질에는 16세기에 포르투갈인에 의해서 비로소 전파되었으며, 미국의 캘리포니아에는 20세기 초에 전파되었다. 아시아를 제외하고 현재 밀보다 많은 생산량을 올리고 있는 나라는 브라질이다. 벼는 아마존강 유역의 논 지대와 정글 지대의 화전농업에서 밭벼로서도 중요한 작물이다.

모리나가(盛永)에 의하면, 동아시아 지역의 전파는 기원전이라고 생각해도 좋으며, 자바형이 성립한 자바섬에는 기원전 1000년경 인도에서 도입되었다고 한다.

한편, 일본에 전파된 것은 적어도 기원전 1세기경인 야요이 (彌生)시대이며 그 시대 이전이면 이전이지, 그 후가 아닌 것은 확실하다. 그것은 야요이식 토기에 보이는 벼알의 흔적이나 그 밖의 재배에 대한 고고학적 자료에서 알 수 있다. 이 시대는 재배식물에 의존하던 신석기시대이며, 주식용으로 벼가 재배되었다고 보아도 좋을 것이다. 또 고고학적 자료가 풍부한 기타큐슈(北九州)는 일본 벼의 재배발상지라고 보아도 좋을 것이다. 벼의 전파경로에 대해서는 여러 가지 설이 제안되어 오랫동안 논쟁이 있었으나 아직도 해결되지 않았다.

일본에 전파되어 온 현재까지의 설은 사사키(佐佐木)에 의하면, 대략 다음 세 가지 경로로 정리된다. 첫째는 황허(黃河) 하류 지대에서 남만주와 한반도를 거쳐 기타큐슈(北九州)에 전파되었다는 설, 둘째는 중국의 중남부에서 류큐(琉球) 열도를 따라 북상하여 기타큐슈에 전파되었다는 설, 셋째는 양쯔(陽子)강 하류 지역에서 해로로 동중국해를 거쳐 한반도 남부와 기타큐슈에 전파되었다는 설이다. 이 전파경로에 대하여 하나의 경로를 생각하는 단원설과 두 개의 경로를 생각하는 이원설이 있다.

첫째 경로는 남만주와 한반도 북부의 재배 역사가 얼마 되지 않았다는 점과 일본에 도입된 계통이 일본의 한랭지에 적응하기까지 긴 세월을 필요로 하였다는 점 등, 생태적 적응성으로 보아 점진적인 전파는 생각할 수 없다. 인정할 수 있는 것은 황허 하류 지역에서 육로에 의한 직접적인 이동이다. 기원전에는 그 가능성이 거의 없으며 그 역사적 근거는 알려져 있지 않다.

둘째 경로는 철새의 배설물이나 해류 등에 의한 전파도 생물의 자연전파로서 생각할 수 있으나, 재배의 발달로 보아 그 가능성은 희박하다. 한편, 표류민에 의한 전파도 그 가능성이 있으며, 일본 내에서의 전파는 기타큐슈에서 미나미큐슈(南九州)로 보급된 것으로 나타나고 있다.

셋째 경로는 많은 가능성이 있다. 고대 일본과 대륙 간의 교류는 수나라나 당나라에 파견하는 관리들의 왕래 이전에도 있었을 가능성이 있으며, 해로로는 가장 가까운 경로이다. 양쯔강 하류 지역의 벼는 중국의 품종군 가운데 메벼에 속하는 것이 많다. 이 메벼군은 일본형에 가깝다. 안도(安藤廣太郞)는 이 사실을 인정하여 셋째 설을 지지하고 있다. 그러나 그는 한반도의 남부와 일본에 같은 시기에 들어온 것인지 아니면 한반도의 남부에서 일본으로 건너온 것인지는 분명치 않다고 하였다. 나가이(永井威三郞)에 의하면, 야요이식 토기에 나타난 벼종자의 모양은 현재의 일본형과 같으며 또 한반도 남부의 재래종과도 같으나, 중국의 메벼군과는 다름을 지적하고 있다.

앞에서 기술한 바와 같이, 인도 지역에 있는 인도형 중에 생리생태적 형질 등으로 보아 일본형으로의 이행형인 아우스군의 존재, 더구나 아우스군에서 유래한 중국 메벼군의 존재로 보아 일본벼의 계통적 관계에 근거하여 전파경로를 생각할 수 있다고 해도 일본과 한반도 남부의 독특한 종자 모양은 어디서 성립하였을까 하는 의문은 남아 있다. 그와 같은 변이의 성립이 한반도 또는 일본에서 성립하였다고 하면, 그중 어느 한 곳에 먼저 도입되었으며 도입된 시기도 야요이시대보다는 훨씬 이른 시기였을 것이다.

일본 내의 전파와 그 연대에 대한 고고학적 자료는, 야요이시대 중기인 기원 100년경에는 이미 동북부인 아오모리(靑森)현에 전파되었고, 안정된 경제작물로 동북지방에 전파된 것은 그 후라고 생각하는 것이 타당할 것이다. 그 연대는 8세기(平安時代) 말에서 13세기(鎌倉時代)이다. 홋카이도(北海道)에는 메이지(明治) 초기 남단에 국한되었으나, 현재는 전 지역에서 재배가 가능하다.

인도의 열대권에서 기원된 벼가 한랭지인 홋카이도까지 전파된 것은 일본 육종기술의 성과임과 동시에, 기타큐슈에서 시작된 벼가 야요이시대로부터 약 2000년 가까이 걸렸다는 것을 마음에 깊이 새길 필요가 있다. 더구나 그동안 이름 없는 많은 사람들에 의하여 일본 특유의 품종으로 개량되지 않았다면, 오늘의 인구유지력은 기대할 수 없었을 것이다. 또 일찍이 나가이(永井威三郎)는 '벼를 생산해 온 국토는 일조일석에 이루어진 것이 아니고, 또 우량한 품종도 장구한 세월을 거쳐 비로소 육성될 수 있는 것이다. 한번 이것을 잃으면 다시 만들어 내는 데는 많은 세월의 노력과 환경의 순화과정을 거치지 않으면 안 된다'라고 경고하고 있다. 우리는 벼라고 하는 세계의 어느 것과도 비교할 수 없는 역사적 유산을 계승하고 있음을 잊어서는 안 된다.

Ⅳ. 신대륙 기원의 재배식물

1. 신대륙의 매력

신대륙 재배식물의 기원에 대한 연구의 매력은 (1) 구대륙과는 관계없이 성립했는가 (2) 식물학적으로 본 대륙이동론의 여부 (3) 마야문명이 번창했던 멕시코가 기원인가, 아니면 잉카문명이 번창했던 페루의 안데스가 기원인가 (4) 근대식량으로 중요한 위치를 차지하는 많은 재배식물이 왜 신대륙에서 기원되었는가의 네 가지로 요약된다.

생각하는 방법에 따라, 신대륙은 북극에서 남극에 달하는 거대한 하나의 대륙으로 볼 수 있다. 대륙은 적도에 의해 둘로 나뉘어져 각각 비교할 수 있는 기후대가 북쪽과 남쪽에 성립되어 있으며, 북쪽에는 가치 있는 재배식물의 기원이 없고 거의 모든 것이 적도를 포함한 멕시코에서 페루의 안데스 지역에 이르는 곳에 집중되어 있다.

1) 독립적인 기원일까?

거대한 대륙이 1492년 콜럼버스에 의하여 소개될 때까지, 완전한 미지의 세계였던 것은 오히려 의외의 일이었다. 과연 재배식물이 구대륙과 아무 관계 없이 성립되었는지, 독립적으로 성립되었다고 하면 신대륙의 발견 전에 구대륙과 신대륙의 교류가 전혀 없었던 것인지, 여러 가지가 논의되어 왔다.

신대륙의 인류는 구대륙에서 진화하여 아메리카 대륙으로 이동하였다는 것이 현재의 정설로 되어 있다. 그 경로로 생각되는 지점은 베링 해협이다. 이 정설에는 많은 근거가 있다.

아시아와 신대륙 사이의 베링 해협은 신대륙과 구대륙을 연결하는 가장 가까운 위치에 존재하고, 그 사이는 겨우 50㎞이며 바다의 깊이는 50m 정도이다. 더구나 빙하가 발달했던 시기에는 지금보다 더 많은 물이 얼어, 육교로 신구대륙이 연결되어 인류의 이동이 용이하였을 것으로 생각된다. 빙하기 말기가 되면서 베링 해협의 형성으로 대륙 간의 통로는 절단되었다. 그렇다면, 인류의 이동은 빙하기 이전으로 생각된다. 신대륙에 인류가 살기 시작한 가장 오래된 명확한 증거는 기원전 1만 년의 것으로 그들의 도구류는 이미 신대륙의 환경에 적응한 것이고 아시아의 것은 아니었다고 한다.

이것으로 보아, 인류가 신대륙으로 이동한 것은 상당히 오래되었음을 말해주고 있다. 또 아메리칸인디언의 신생아에서 자주 보이는 몽고반점과 그 밖에 몽고족의 특징을 가지는 종족이 많다는 등의 신체적 특징으로 이동한 민족은 몽골로이드임을 알 수 있다.

그러면 재배식물 면에서 콜럼버스의 신대륙 발견 이전에 재배식물의 교류가 있었는가 없었는가에 대하여 검토해 보기로 하자.

교류설로 화제가 된 대표적인 재배식물은 옥수수, 고구마, 표주박이다. 신대륙의 발견으로 옥수수가 구대륙에 들어온 것은 사실이나, 콜린스(Collins)에 의하면 옥수수는 원래 아시아 기원이라 하였으며, 이것을 더욱 발전시킨 사람은 앤더슨(Anderson)이다.

아삼 지역의 산지 주민은 벼나 조와 함께 옥수수를 오래전부터 재배하고 있었으며, 이 옥수수는 모두 담록색의 식물체로 꽃차례의 축은 길고 포(苞)는 대단히 짧다. 이 특징은 아메리카 대륙의 것에서는 매우 희귀한 것으로, 오래전 잉카에서 재배되고 있던 것과 흡사한 점을 들어 원시형으로 생각하였으며, 그것이 존재하는 지역이 옥수수의 발상지라는 아시아 기원설을 제창하였다. 그 밖에 구체적인 근거로 콜럼버스의 신대륙 발견 전에 대륙 사이에 교류가 있었던 증거를 들고 있다.

아시아 기원의 증거로 미얀마, 인도, 중국의 남부에는 옥수수와 근연인 수수나 율무 등의 종류가 풍부하게 존재하며, 그것은 옛날부터 식용 또는 사료작물로 재배되어 왔기 때문에 그와 같은 부류에서 옥수수도 성립되었다고 생각하였다. 북부 미얀마에 옥수수 특유의 우성형질이 존재하고, 북부 인도지방에도 변종의 집적이 보이는 것은 이것을 잘 말해주는 것이라고 하였다. 또한 신대륙의 발견 전에 대륙 간 교류가 있었던 가능성의 증거로서 남미와 미얀마 양 지역에 보이는 도자기나 직물의 유사성, 또 화전민의 존재를 공통성으로 들었다.

이 설은, 옥수수가 아시아에서 기원된 것이 아니라 해도 신대륙의 발견 이전에 아시아와 신대륙 사이에 교류가 있었던 것은 아닌가 하는 의문을 낳았다.

특히, 문명의 동사성(同似性) 내지는 유사성(類似性)에 대하여 교류설을 주장하는 연구자들은 많은 예를 제시하였고 교류설이 자주 문제시되었다. 예를 들면 첫째는 중국 주나라시대의 문명과 안데스문명의 유사성이며, 둘째는 안남 청동기시대의 돈손문화와 남미 청동문명의 동시성, 셋째는 시대적으로 많은 차이가 있으나 인도문명과 마야문명에서 연꽃을 주제로 한 종교예술에서 찾아볼 수 있는 조각, 동기의 공통성 더구나 중미의 고대문명과 일본의 조몬(繩文) 토기 등을 예로 들고 있다.

　문명의 독립기원설을 주장하는 사람들은 양 대륙 간의 문명의 동사성 내지는 유사성이 역사 전 인류의 이동 유무에 관계없이, 인류의 심리적 단일성 혹은 정신적 구조의 동일성으로 그 문화적 발전과정에서 평행현상으로 나타났다고 해석하였다. 또, 특히 같은 환경은 같은 사회를 성립시킬 수 있다는 놀랄 정도의 환경력이 나타남을 강조하였다. 한편, 문명의 독립기원설을 반대하는 사람들에게는 문명은 모두 일원적으로 기원되며, 모두 전파에 의한 것이라는 사고방식이 뿌리 깊게 존재하고 있다.

　생물학적 입장에서, 이 문제에 대하여 개인적인 의견을 서술해 본다. 바빌로프는 1923년 '상동변이 계열의 법칙'을 제창하였다. 이 법칙은 여러 식물에서 같은 변이, 즉 상동적인 변이는 평행적으로 일어나는 것이며, 혹 발견할 수 없다 해도 그 가능성은 기대할 수 있다고 하였다. 이 법칙은 식물에서 독립적인 유사성의 가능성을 말한 것이며, 문명의 독립기원도 이 현상으로 설명할 수 있다고 생각한다. 다시 말하여, 메소포타미아에서 기원된 마카로니 밀이 코카서스와 아비시니아에 전파되어 그곳에서 각각의 특유한 페르시아 밀과 아비시니아 밀이라는 종이 성립하였다. 이 2종은 완전히 같은 형태를 나타내고 있으며 같은 종으로 보아도 좋을 정도이다.

　그러나 이것은 두 지역 간에 교류가 있었던 것이 아니고 같은 마카로니 밀에서 출발하여 양 지역이 똑같이 산악 지대라고 하는, 같은 생태적 환경조건이 독립적으로 같은 형태를 성립시킨 것으로 해석된다. 비약된 의견일지는 몰라도 양 대륙의 문화유사성 내지는 동사성에 대해서도 원래 몽고계열에서 출발한 두 민족이 여기서 예를 든 것과 같이, 같은 문화현상을 나타냈다고 해도 틀린 것은 아니라는 의견이다.

여기서 이 이상의 시비를 전개하는 것은, 필자의 전문 밖의 것이기 때문에 다음은 재배식물의 기원학적 관점만을 가지고 검토해 보자.

옥수수의 기원에 대한 문제는 신대륙만큼 옥수수의 기원에 직접 관여하였다고 생각되는 근연식물이 구대륙에는 존재하지 않으니까 아시아 기원은 부정될 것이다. 또한 구대륙에는 옥수수에 대하여 신대륙 발견 이전의 고고학적, 식물학적 기록이 전혀 없다는 점으로 교류설도 부정된다.

예를 들면 옥수수에 대한 최초의 기록은 콜럼버스가 기록한 1492년 항해일지이다. 그것은 1492년 10월 16일(화요일)로, 페르난디나섬에 상륙하여 원주민의 밭을 보고 판니조(Panizo)가 잘 가꾸어져 있다고 하였다. 판니조라는 것은 수수나 밀과 같은 벼과 식물을 말하는 스페인어이나, 그 식물체의 형상 표현은 맥류나 기장 등을 지칭하는 것은 분명히 아니다. 또, 하버드 대학의 만젤스도프(Mangelsdorf)는 전술한 아삼의 녹색형은 안토시아닌의 부족에 기인하는 것으로 2~3개의 유전자에 의하여 지배되고 있으며, 현재 신대륙의 것에서도 이와 같은 현상은 때때로 보이기 때문에 그 밖의 특징도 특별한 것은 아니라고 반론하였다.

고구마는 야생종의 식물지리학적 분포, 특히 고구마의 선조종에 대한 해명으로 신대륙 기원이라는 것이 확정되었다(후술). 다만, 신대륙 발견 전에 전파된 것인지 아닌지의 문제는 지금도 주장이 분분하다. 교류설을 주장하는 사람들은 하와이 제도

에서 뉴질랜드 제도에 이르기까지 점점이 존재하는 남태평양의
폴리네시아섬에는 신대륙 발견 전에 이미 재배되고 있었음을
나타내는 고고학적 자료와 이 지역의 고구마에 대한 호칭이 페
루에서 왔음을 의미하는 언어학적 자료가 있다고 하였다. 뉴질
랜드에는 신대륙 발견 전에 고구마 재배에 사용되었다고 생각
되는 농구의 출토물이 있다. 또, 말레이어의 고구마 호칭인 쿠
마라(kumara)는 폴리네시아에서도 사용되고 있고, 그것은 페루
의 호칭인 쿠마르(kumar, 게추아어)에서 왔다고 생각된다.

　신대륙 발견 전의 전파방법의 하나로서 인간의 손으로 운반
하였을 가능성이 제기되었다. 페루의 인디오는 벽오동과의 일
종인 발사(Ochroma Lagopus)라는 가볍고 부력이 큰 목재로 뗏
목을 만들어 해상운반용으로 이용하고 있었다. 발사로 만든 뗏
목은 페루 연안에서 출발하여 해류를 따라 쉽게 폴리네시아섬
에 도달할 수 있다고 생각된다. 헤이에르달(Heyerdahl)은 1947
년 실제로 발사로 만든 콘티키호를 타고 항해를 시도해 보았
다. 그 결과 페루 해안에서 폴리네시아에 도달하는 가능성을
실증하였다(그림 24). 그러나 인간의 손으로 고구마를 운반하였
다고 한다면 왜 다른 재배식물이 도입되지 않았는가 하는 의문
이 제기된다.

　한편, 신대륙 발견 전의 존재는 표류설로 설명되고 있다. 서
류는 발아가 가능한 상태로 표류하여 아시아에 도착하는 것이
불가능하지만 종자가 들어 있는 꼬투리는 바닷물에 잘 뜨며,
고구마종자는 딱딱한 껍질로 싸여 있기 때문에 발아가 가능한
상태로 충분히 운반된다. 고구마는 타가수정을 하는 식물이기
때문에 표류로 운반된 종자는 영양변식의 경우와는 달리 여러

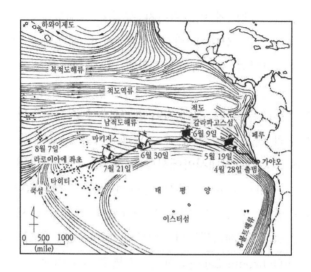

〈그림 24〉 콘티키호의 표류행정("콘티키호의 탐험기", 水口역, 1969)

가지 변이가 생겼을 것이다. 사실, 아시아의 고구마는 풍부한 변이를 나타내고 있기 때문에 표류에 의한 전파설로 잘 설명될 수 있다고 하였다.

표주박은 옛날 린네(Linneus)의 신대륙 기원설이나 그 제자들의 아시아-아프리카 기원설이 있었으며, 또 드캉돌은 인도의 서해안에 자생하고 있다고 하여 인도설을 주장하였다. 아프리카 기원을 주장하는 사람들은 아프리카 지역의 표주박은 과실 및 종자의 변이가 많은 점과 야생종이 풍부함을 들고 있다.

그러나 변이에 대한 상세한 기술이 없고 더구나 인간은 생육 중에 있는 표주박의 모양을 변형시키기 위하여 끈으로 묶든가 하기 때문에 실제로 과형의 변이가 많았는지는 의문이며, 또한 표주박은 야생형과 재배형의 구별이 곤란하다고 하여 반론하는 사람도 있다.

〈표 11〉 바닷물에 침지시킨 표주박 종자의 발아시험

침지일수	발아율	
	침지 완료 직후	6년 후
0	70~100%	32%
28	80	24
85	90	14
140	95	32
240	65	32
280	85	32
315	95	24
347	57	24

고고학적 자료에 의하면, 멕시코에서는 기원전 7000~5000년의 표주박 껍질이 출토되었으며 페루에서는 세계에서 가장 오래된 기원전 13000~11000년의 것이 출토되었고, 또다시 기원전 6000~5000년의 것을 비롯하여 이후 페루 해안 및 안데스 지대에서도 많이 출토되었다. 구대륙에서는 이집트 왕조의 테베라는 도시에서 출토되고 있다. 또 아프리카 이외의 지역에서는, 기원전 10000~6000년의 것이 오이와 함께 타이에서 출토되었다는 보고가 있다. 이것으로 보아 표주박은 신대륙 발견 이전에 전 세계에 이미 널리 분포하고 있었던 것으로 보인다.

화이테이커(Whitaker)는 표주박은 처음 아프리카에 자생하고 있었으며, 표류에 의해 전파되었다고 하였다. 그는 표주박의 성숙한 과실을 347일간 바닷물에 담갔다가 6년 후에 발아시험을 하였다. 그 결과, 충분히 발아할 수 있음을 관찰하였다. 그의 실험결과는 〈표 11〉에 나타냈으며, 아프리카와 브라질 사이의 거리는 4,000마일로 매시 1노트로 145일이면 도달할 수 있기 때문에 1973년 그는 표류설을 제창하였다.

리처드슨(Richardson)은 표류설에 반대하여 표주박은 오래전부터 열대지역에 널리 분포해 있었으며, 신대륙에서는 기원전 15000년, 구대륙에서는 기원전 12000년경부터 인간이 이용하기 시작하여, 오래된 발굴물은 야생종을 이용한 것이라고 하였다. 그 후 인간은 양 대륙에서 독립적으로 재배하였다고 주장하였다. 이 주장의 약점은 현재의 표주박은 아프리카에 자생하고 있으나(재배종이 잡초화된 것인지 아닌지의 판정은 곤란하다) 신대륙에는 자생하지 않는다. 그런 표류설의 예로는 표주박이 가장 높은 가능성을 가진 것으로 보고 있다.

2) 대륙이동설과 식물

독일의 지구물리학자인 베게너(Wegener)는 1910년에 "대륙은 이동했음에 틀림없다"는 학설을 발표하였다. 다케우치(竹內均)가 기술한 베게너의 대륙이동론을 해설하면, 일본에서 흔히 보는 세계지도는 태평양을 중심으로 그려져 있기 때문에 대서양을 사이에 두고 있는 아메리카 대륙과 유럽 및 아프리카 대륙은 지도 양쪽에 치우쳐 있으나, 서구에서는 일반적으로 대서양이 중심에 있다. 따라서 남대서양을 사이에 두고, 남아메리카 대륙의 동해안선과 아프리카 대륙의 서해안선이 실로 잘 일치하는 것은 상당히 인상적이다(그림 25).

1910년 베게너는 이 불가사의한 현상을 대륙이동론으로 설명하면 이해할 수 있다고 생각하였으며, 남아메리카 대륙과 아프리카 대륙이 이전에는 접속되어 하나의 대륙이었던 것이 둘로 갈라져 현재와 같이 되었다는 설을 제안했다고 한다. 참으

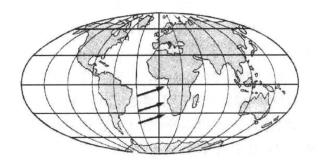

〈그림 25〉 남아메리카 대륙과 아프리카 대륙의 연안선

로 기발한 이 설은 각 방면에서 커다란 반응을 불러일으켰다.

이 설에 의하면, 아프리카 대륙에서 오스트레일리아와 아메리카 대륙이 분리되기 시작한 것은 석탄기(약 3억 년 전)이며, 아프리카 대륙에서 완전히 분리된 것은 제3기인 약 5천만 년 전이다. 또한 아프리카 대륙과 오스트레일리아 대륙이 완전히 분리된 것은 제4기(약 100만 년 전)로 추정된다. 오스트레일리아와 분리될 때 대서양이 생겼으며, 아메리카 대륙의 알래스카로부터 남극에 이르는 서해안에 코르디예라-안데스 대산맥이 습곡에 의하여 융기하였다.

재배식물의 기원 면에서 보아도, 베게너의 대륙이동론에 대한 증거가 몇 개인가 제출되고 있다.

그 하나의 증거는 목화이다. 현재 세계에서 가장 널리 재배되고 있는 4배성 목화는 어느 것이나 2배종인 아시아 목화(AA)와 아메리카 목화(DD)의 잡종에서 기원한다는 것이 세포유전학적으로 증명되었다. 이 잡종기원의 성립은, 1939년 할런(Harland)에 의해 아시아 대륙과 아메리카 대륙 사이에 육교가 있어 미크로네시아 군도에서 그 교잡이 일어났다고 하는 육교설로 설명되었다. 실제 아시아 목화는 재배종으로 오랜 역사를 가지고 있기 때문에 이 설이 유력하였다.

그러나 아프리카에서는 B게놈을 가진 야생 2배종 이외에 A게놈인 아시아 목화의 야생종이 발견되었다. 또 아라비아와 인도에는 E게놈, 오스트레일리아에는 C게놈을 가진 야생 2배종이 존재한다는 것이 명백해졌다.

1947년 허친슨(Hutchinson)은 식물지리학적 분포와 세포유전학적 연구에서 목화 속은 커다란 하나의 분포를 가지고 있으며, 아프리카가 목화 속의 중심지로 분포의 과정에서 염색체의 구조분화로 게놈의 분화가 일어났다고 말했다. 또한 백악기에 대륙과 바다에 의하여 격리되고 더구나 게놈의 분화가 촉진되었다고 설명하였다.

옛날 육지로 연결되었던 시대에 아프리카의 A게놈과 D게놈의 야생종이 신대륙에 분포하였으며, 아프리카 대륙과 신대륙이 분리된 이후 A게놈인 식물과 D게놈인 식물의 잡종에서 기원하여 4배성인 목화의 야생종이 기원되었을 것이다. 현재 신대륙에는 A게놈인 식물은 존재하지 않으나 아프리카와 남미의 중간에 위치하는 케이프베르데 군도의 산토 자고 섬에는 A게놈인 식물에 가까운 목화가 분포하고 있다. 그렇다면 남미의 A게놈인 식물은 현재는 멸종되었든가 아니면 아직도 발견하지 못한 것으로 추정된다.

현재 D게놈인 식물은 북미에서 남미에 걸쳐 널리 분포하고 있으며, 남미계통의 기원에 관여한 것이 세포유전학적 연구로 명백하게 되었다. 야생 4배종의 발상지는 아마도 페루나 볼리비아 지역이며, 그 연대는 빠르다고 해도 제4기 이후이다.

이상에서와 같이, 목화의 기원은 대륙이동론으로 해명할 수 있으며, 좋은 증거를 제공하고 있다.

또 하나의 증거는 담배에서 볼 수 있다. 재배하는 담배는 4배종이다. 담배 속은 8절로 대별되며 약 70종이 있고 그 형태도 다양하다. 분포지역은 8절 중 7절이 신대륙에 자생하며, 또 거의 전부가 남미에 자생한다. 재배종은 2종뿐으로 모두 신대륙 기원이다. 다른 하나의 절은 오스트레일리아에만 자생한다.

신대륙종의 염색체수는 18, 20, 24, 48이며 오스트레일리아종은 22, 36, 40, 48 및 62로 담배 속은 폭넓은 변이의 염색체수를 갖는 이수성 식물이다. 염색체수 및 지리적 분포로 보면, 담배 속의 원시종은 신대륙, 특히 페루와 볼리비아가 그 중심이며 오스트레일리아종은 신대륙종의 2차 배수체로서 신대륙종에서 유래된 것이다.

남미의 남부 칠레, 아르헨티나, 우루과이에 분포하는 2종과 오스트레일리아의 2종은 염색체 구성으로 보아 서로 다른 게놈을 가지나, 염색체수로 보면 배수성 관계를 가지고 있고 또 형태적으로 매우 유사하다. 더구나 오스트레일리아 종은 주로 오스트레일리아의 동남부에 분포하고 있다.

이것은 대륙이동론에 대한 유력한 하나의 증거로 볼 수 있다. 양 대륙이 육지로 연결된 지질연대에는 남미를 중심으로 남쪽은 오스트레일리아의 동부까지 분포하고 있었으나, 양 대륙의 분리로 오랫동안 격리되었기 때문에 염색체의 구조분화와 변이가 양 대륙에서 일어났다고 볼 수 있다.

이 밖에 같은 가지과 식물에 속하는 가지 속은 열대지역에 널리 분포하고 있으며, 인도 기원의 가지와 가지와는 원연의 것으로 생각되는 남미 브라질에 자생하는 길로(Solanum Gilo)와의 잡종 1대식물의 염색체의 접합은 완전히 정상이며 종자도 맺는다. 가지와 길로의 식물체는 과색이나 과형 등 많은 점이 다르나 같은 선조종에서 유래했음을 알 수 있다.

지질시대에는 현재 보이는 지구상의 대륙이 모두 하나로 연결된 대륙이었다고 하는 생물학적 증거는, 이 밖에도 고대 생물의 화석이나 현존하는 생물에 많은 예가 있다. 신대륙과 구대륙에 보이는 같은 종류의 생물의 존재는 전술한 바와 같이, 예전부터 육교설로 설명되었으나 지금은 대륙이동론으로 설명할 수 있다.

3) 안데스인가? 멕시코인가?

신대륙이 기원인 모든 재배식물은 메소아메리카(멕시코나 과테말라)와 중미, 남미에 집중되어 있고, 그 지역은 농경문화로 보아 3개의 지역으로 대별되며, 멕시코를 중심으로 하는 메소아메리카 고지, 남미 카리브해 쪽의 저지대, 중앙안데스 고지이다.

이들 3개 지역은 각각 옥수수, 카사바(Cassava), 감자 등 인디오의 주식을 재배화한 지역이다. 또, 그 밖에도 몇 가지 중요한 재배식물이 각각 기원되고 있다. 그러나 그 재배식물의 야생종 및 근연식물의 분포는 반드시 그 지역에 분할되어 있는 것은 아니고, 멕시코에서 페루와 볼리비아에 이르기까지 널리 분포하고 있다.

이 3개 지역 중 카리브해 쪽의 저지대인 남미의 북서부는 육로로나 해로로나 모두 신대륙 사람들의 이동교차점에 해당한다. 그리고 그곳은 다른 2개 지역을 연결하는 곳이며, 민족의 이동과 문화의 전파에 밀접한 관계가 있기 때문에 그 영향을 무시할 수 없다. 특히 메소아메리카에 근접한 카리브해 쪽의 저지대는 메소아메리카문명의 연장이라고 한다.

한편, 카리브해 쪽의 저지대는 근재농경으로 특이한 존재이며 안데스의 동쪽인 남미의 저지대에 침투한 것으로 보인다. 또 멕시코의 메소아메리카 고지는 그 지역의 대표적인 문화를 확립한 마야문명이 있으며, 중앙안데스는 잉카문명이라는 찬란한 역사적 사실을 이룩했다.

이를 근거로 사우어(Sauer)는 문명의 기반을 종자농경과 근재농경의 두 가지로 대별하였다. 즉, 메소아메리카 지역은 옥수수를 대표로 하는 종자농경 지대이며, 그 밖에 강낭콩이나 호박을 들고 있다. 한편, 중앙안데스 지역은 감자를 대표로 하는 근재농경 지대이며, 그다지 알려지지는 않았으나 안데스 특유의 오카, 우루코, 아누우 등을 들고 있다. 이와 같이 사우어는 각각의 농경문화권에서 별개로 성립하여, 그 후 전파에 의하여 완전한 농경이 성립하였다고 생각하였다.

그러나 농경문화가 성립하기 위해서는 상당히 오래전에 복합적인 재배식물이 갖추어지고, 그것을 기반으로 인간이 정주하여 하나의 인간 사회가 발달하였다고 생각하는 것이 타당할 것이다.

재배식물에 대한 기원의 해명은 이 문제에 대하여 명백한 해답을 줄 것이다.

신대륙이 기원인 주된 재배식물의 발상지에 대한 해명은 생물학 및 고고학 등으로 최근 상당한 성과를 거두어 왔다.

그 결과, 한 지역에 한정된 발상지를 갖는 재배식물이 상당히 적다는 결론에 도달한다. 메소아메리카로부터 중앙안데스에 이르는 넓은 지역에서 재배식물이 각각 독립적으로 성립되어 농경 형태가 확립되고, 그 후 상당한 세월이 흐른 뒤 생산성이 높은 것들이 교류되어 한층 더 완성된 농경이 성립하였다고 보인다.

앞에서 언급한 바와 같이, 재배식물의 근연 야생종은 각각의 지역에 널리 분포하며 어느 지역에서나 생산성의 높고 낮음은 있다 하여도 근연 야생종의 재배화는 이루어졌다. 그것은 같은 재배식물 중에서 발상지를 달리하는 많은 재배종이 존재함을 보아도 알 수 있다. 옥수수도 멕시코가 기원이라고 단정할 근거는 찾아볼 수 없다. 명백한 사실은 메소아메리카의 옥수수와 안데스 옥수수의 잡종에서 가장 근대적이며 경제성이 높은 옥수수가 성립하였다는 것이다. 현재 세계에서 널리 재배되고 있는 대표적인 일본 호박은 멕시코가 기원이며, 서양 호박은 페루가 기원이다.

이와 같은 예는 고추나 강낭콩에서도 보인다. 즉, 각각의 지역에서 독립적으로 기원되었다.

재배식물의 기원학적 입장에서 보아 각각의 재배식물이 일원적으로 성립한 것인지 아니면 다원적으로 성립한 것인지 이것을 명확히 하고, 야생형에서 재배종이 성립된 과정을 규명하는 것은 장차 유용생식질의 도입-개발-이용이라는 측면에서도 매우 중요한 것이다. 이와 같은 입장에서, 신대륙의 재배식물이 멕시코 기원인가 아니면 안데스 기원인가 하는 문제와 또 성립 후의 전파과정 등은 중요한 연구과제이다.

4) 신대륙의 선물

근대식량으로 중요한 위치를 점하는 많은 재배식물은 신대륙 발견 이후 구대륙에 도입된 것이며, 이것이 신대륙의 선물로 불리는 이유이다.

그러면 이와 같이 중요한 재배식물이 보는 관점에 따라서는 지구상의 아주 좁은 지역인 메소아메리카에서 중앙안데스에 이르는 지역에 집중되어 어떻게 성립되었는가 하는 요인을 생각해 보자.

바빌로프는 유전자중심설에 입각하여 재배식물의 8대 발상지를 주장하였으며, 산악 지대에 집중되어 있음을 명확히 하였다. 사우어(Sauer)는 농경의 발상지는 하천과 호수 등의 주변 지대라고 하였으나, 원시시대의 수렵과 채취생활의 입지 조건으로는 삼림지대가 효과적이라고 충분히 생각할 수 있다. 산기슭에서 시작된 농경에 관개 등, 고도의 재배기술이 도입된 것은 문명이 상당히 발달된 결과라고 보인다. 생물학적 측면에서 보아도 생물자원의 다양성은 삼림지대에서 볼 수 있다.

재배식물의 발상지인 신구대륙의 산악 지대를 비교해 볼 때, 바빌로프가 지적한 것과 같이 구대륙의 발상지는 모두 동서로 뻗어있는 산악 지대이며, 신대륙의 발상지인 안데스 산악 지대는 남북으로 뻗어있다. 그중에서도 메소아메리카에서 페루까지 이르는 지대는 적도를 중심으로 북반구와 남반구의 열대에서 아열대까지 포함하고 있다.

더구나 안데스산맥을 축으로 동쪽은 습하고 서쪽은 건조하며, 게다가 우기와 건기의 계절적 리듬을 가지고 있다. 또 산악으로 인한 지형의 복잡성 때문에 기후의 격심한 변화, 더구나 하루의 온도 교차가 크다. 이와 같이 자연적으로나 생물적으로 나 다양성이 크다는 것은 농경발생의 필요조건이라고 생각해도 좋다. 또한 이 지역에는 식물의 다양성을 유발하는 원인이 존재하고 있다.

베게너의 대륙이동론에 의하면, 신대륙이 아프리카에서 분리되기 시작하였을 때의 움직임으로 신대륙에는 안데스 습곡산맥이 생겼다고 보인다. 그 시기는 백악기에 시작하여 완전히 분리된 것은 제3기이며, 습곡산맥이 생긴 것은 그 이후이다. 그때 현재의 재배식물 기원에 관여한 현화식물의 선조종은 이미 널리 분포하고 있었으며, 습곡산맥의 융기로 산악 지대의 계곡 또는 고도에 따라 서로 격리되었다.

이와 같은 지형적 격리는 생식적 격리가 되어 종의 분화와 풍부한 다양성을 촉진하고, 빙하기에 들어와 기후의 격심한 변화와 함께 다양성은 점점 더 박차를 가하였다. 따라서 남북으로 뻗친 산악 지대의 고추, 호박, 강낭콩에 나타난 것과 같이, 같은 재배식물이면서도 메소아메리카와 중앙안데스에 각각의 특유한 재배종이 성립한 것이다.

토마토의 근연 야생종(Lycopersicum Peruvianum)은 페루의 안데스산맥 서쪽 계곡에 깊숙이 들어가 자생하고 있다. 여러 계곡에서 채집한 계통을 교잡하면, 잡종은 전혀 생식능력이 없으며 완전히 생식적 격리가 이루어져 있다. 이 사실은, 이 종이 과거에는 연속적으로 자생하고 있었으나 안데스산맥의 융기로 각각의 계곡에서 오랫동안 고립된 상태로 자생하여 서로 관계 없이 분화가 일어났음을 잘 설명해 주고 있다.

전 세계에 널리 분포하며 들판에서 흔히 볼 수 있는 명아주과 식물은 중앙안데스 지대의 중요한 재배식물이다. 명아주는 퀴노아(Ckenopodium Quinoa)라고 부르며, 중앙안데스 알티플라노(표고 4,000m)의 식물성 단백질 자원으로 중요한 작물이다. 이것은 4,000m의 고도에서도 재배가 가능한 귀중한 작물이며, 현재도 볼리비아 정부는 적극적으로 품종을 개량하고 있다. 조알 크기의 종자를 가루로 만들어 경단 또는 미숫가루처럼 먹고 있다.

그 외, 명아주의 일종인 카냐와(C. Pallidicaule)는 더 높은 4,500m까지 재배가 가능하며 수프로도 식용할 수 있으나, 주로 사료작물로 이용하고 있다.

또 담배의 근연 야생종에 대한 식물지리학적 분포를 조사하여 평면도를 그리면 많은 종이 중복되고 있으나, 그중에는 고도에 따라 자생지를 달리하는 것도 있다. 루스티카 담배(현재는 니코틴의 원료로 재배하고 있음)의 선조종인 운쥬라다의 자생지는 표고 3,700m에서 4,000m까지 한정되어 있다. 이 밖에, 안데스산맥의 융기와 함께 중요한 재배식물이 출현한 예로는 감자가 있다. 감자의 야생종은 표고 3,000m부터 자생하여 4,500m까지 분포하며, 많은 종과 여러 가지 배수성을 나타내는 한편 대단히 풍부한 변이를 나타내고 있다. 현재 세계적으로 널리 재배되고 있는 감자는 4배성이며, 표고 3,800m로부터 4,000m인 고지에서 기원된 것이다. 중앙안데스 지대에서는 4,500m의 눈 속에서도 자라는 3배체 또는 5배체인 재배종이 있다.

이상과 같이, 남북으로 열대에서 아열대까지 이르는 이 지대는 각 지질연대를 경과하며 새롭게 융기하였으며, 이 지대에서

〈그림 26〉 중앙안데스 알티플라노고원의 퀴노아밭

는 융기와 함께 느린 생태적 환경조건의 변화로 다양한 변이가 생겨났다. 여기서 유래한 재배식물은 지구상의 여러 환경조건에 각각 적응하게 되는 결과가 되었으며, 특히 저지에서 고지까지의 생태적 조건이 지구상의 남반구에서 북반구까지 광범위한 지역에 재배가 가능한 많은 재배식물을 창조하였다.

2. 감자

북쪽 추운 나라의 중요한 작물, 그것은 열대권인 중앙안데스 산맥을 고향으로 하는 고산식물이었다.

감자는 근재류(根栽類) 중에서 경제적 가치가 가장 높은 작물이다. 그 이유의 하나는 남쪽 온난지에서 북쪽 한랭지까지 광

〈표 12〉 감자종의 지리적 분포

	야생종			재배종			
	2배종	3배종	4배종	2배봉	3배종	4배종	5배종
현재의 종수	21	2	2	4	2	1	1
멕시코						1	
과테말라						1	
코스타리카						1	
베네수엘라				1		1	
콜롬비아	1			1		1	
에콰도르	1			1		1	
페루	10	1	1	3	2	1	1
볼리비아	6		1	3	2	1	1
아르헨티나	7					1	
칠레		1				1	

범위한 적응성이 있기 때문이다. 감자는 가지과 가지 속에 속하며 괴경을 형성하는 괴경군에 속한다. 이 괴경군에는 25종의 야생종과 8종의 재배종이 있다. 또 2배종(염색체수 24), 3배종(염색체수 36), 4배종(염색체수 48), 5배종(염색체수 60)이 있으며, 12개의 염색체를 기본으로 하는 배수성 식물이다. 이들 식물은 변이가 매우 풍부하며 괴경의 모양도 매우 다양하다. 현재 세계적으로 널리 재배되고 있는 감자는 4배종이며 단 한 종이다.

괴경군의 분포지역은 〈표 12〉에 나타냈다.

이 표에서 알 수 있는 것과 같이, 야생종과 재배종 게다가 배수성으로 보아 페루와 볼리비아에 가장 많이 분포하기 때문에 감자의 중심지는 이 지역이라고 생각된다.

이들의 분포지역은 중앙안데스 지대(표고 3,000~4,000m)이다. 페루의 감자 권위자인 오초아(Ochoa)는 1965년 페루의 중앙고

원 지대에서 584개의 감자를 수집하여 조사한 결과 96개는 2
배종, 34개는 3배종, 445개는 4배종, 9개는 5배종이었다고 보
고하였다.

필자도 페루와 볼리비아의 안데스 지대 감자밭에서 여러 가
지 모양의 잎과 흰색, 붉은색, 분홍색, 자주색 등의 홑겹 또는
여덟 겹의 꽃 등 변이가 풍부함을 보고 놀랐다. 중앙안데스의
감자품종은 수백 종에 달하며 모양이나 색깔도 다양하다. 감자
의 모양으로 곰의 손 또는 뱀이라는 이름이 붙은 것에서부터
또 색깔도 흰색, 붉은색, 자주색, 검정색 등 가지각색이다.

1) 중앙안데스의 자연

여기서 페루와 볼리비아 중앙안데스 지대의 자연에 대해서
알아보자. 〈그림 27〉에는 중앙안데스의 횡단면을 모식도로 나
타냈으며 안데스산맥은 해안 가까이까지 뻗어 있고, 태평양 해
안은 완전한 건조 지대로 1년 내내 거의 비가 내리지 않을 정
도이다. 그곳은 사막과 같으며, 해안에서 2,500m까지 이와 같
은 상태는 계속된다. 거기에는 안데스산맥에서 흘러내리는 강
을 따라 녹색의 오아시스 지대가 존재함에 지나지 않는다. 오
아시스 지대는 선과 같이 때로는 점점이 존재한다.

2,500m까지 오르면 급경사면에 경작지가 펼쳐지며 기후도
온난하여 여름에는 비가 약간 내리고 겨울에는 건조한 '세라
지역'이 있다. 수목이 상당히 무성하고 바나나, 파파야 등의 열
대 과수도 생육한다. 이와 같은 지역은 3,500m까지 계속된다.
옥수수 재배도 여기까지가 한계이며 그 이상은 감자밭이다.
4,500m 정도의 고개들이 그 전후에 많이 존재한다.

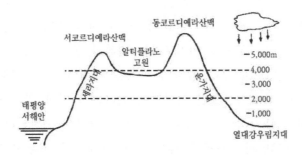

〈그림 27〉 중앙안데스 지역의 횡단면

〈그림 28〉 중앙안데스의 태평양 쪽 건조 지대에 있는 오아시스(표고 2,000m)

안데스산맥은 서쪽과 동쪽에 만년설을 머리에 이고 있는 5,000~7,000m의 산들을 가지는 2개의 산맥이 남북으로 뻗어 있다. 이 서코르디예라 산맥을 넘으면 광대한 푸나 또는 알티플라노라 불리는 4,000m의 고원지대가 전개된다. 거기는 낮과 밤의 온도차가 매우 심하며, 여름낮의 온도는 20도 정도이나 아침과 저녁은 0도까지도 내려간다. 서리가 자주 내리고, 비는 눈이 되어 내릴 정도이다. 겨울에는 비가 전혀 내리지 않는 건조 지대이다. 이 고원을 이치우라는 화본과 풀이 주로 전면을 덮고 있다. 3,000m부터 감자의 야생종이 출현하기 시작하며, 안데스 지대의 고유동물인 낙타과에 속하는 라마와 알파카 등의 방목과 퀴노아라는 명아주나 감자의 재배가 시작된다. 이 밖에도, 1973년의 3차조사 때는 도입된 보리나 잠두의 밭이 급격히 증가하였다.

알티플라노에서 가장 넓은 곳은 볼리비아의 수도인 라파스 주변이다. 이 고원은 볼리비아의 가장 중요한 지역으로 폭이 160km 정도이며, 길이가 800km 정도인 총면적 13만 km²의 고원으로 총인구의 35%가 이곳에서 생활하고 있다고 한다. 라파스는 이 고원의 움푹한 곳에 위치한다. 라파스 공항인 움푹한 그릇 모양의 가장자리에 해당하는 곳에 서면 단번에 라파스 시내가 내려다보인다. 굽이굽이 길을 돌아 내려가면 그릇의 밑바닥에 해당하는 라파스의 중심지에 도달한다. 라파스는 표고 3,632m이며 수도로서는 세계에서 제일 높은 곳에 위치한다. 거기에는 신대륙 발견의 대은인인 콜럼버스의 커다란 동상이 있고, 위를 쳐다보면 표고 6,882m의 일리마니산의 웅장한 모습이 매우 인상적이다. 물론 볼리비아 최대의 도시이다.

페루의 중앙해안에 있는 표고 156m의 리마에서 비행기로 약 2시간 걸려 안데스의 서코르디예라 산맥을 넘어 표고 4,100m의 라파스 공항에 내리면, 발이 땅에 닿는 것 같지 않아 천천히 걷지 않으면 쓰러질 정도이다. 일시적으로 고산병에 걸리나 2~3일 지나면 언덕길이 많은 라파스 시내도 고생하지

〈그림 29〉 중앙안데스고원의 알파카와 라마의 무리

〈그림 30〉 표고 4,000m의 알티플라노고원과 화본과 식물인 이치우(앞쪽)

〈그림 31〉 볼리비아 수도 라파스, 분지 내에 시가지가 있다

〈그림 32〉 라파스 중심부에 있는 신대륙을 발견한 콜럼버스 동상

〈그림 33〉 볼리비아 표고 4,000m 고원의 감자밭

않고 걸어 다닐 수 있게 된다. 우리들의 기지로 자주 이용된 라파스는 고산에 적응하는 데 조건이 좋은 도시이다. 여기서 자신감을 길러 안데스의 여러 산들을 걸어 다니게 되었다.

고원을 더 동쪽으로 횡단하면, 동코르디예라 산계로 들어가며 그 산계를 넘으면 앞에서 기술한 세라 지대와 흡사하나 약간은 열대풍경을 나타내는 '몬타니아 원류 지대' 또는 '윤가'라고 불리는 지역이 나타난다. 이 지역은 아마존강 지대에서 거슬러 올라오는 습기 때문에 강우량이 많다. 안데스산맥의 동쪽을 좀 더 내려가면, 아마존강 상류지역으로 정글을 형성하는 열대 강우림 지대에 이른다. 이 지역에는 화전농경이 이루어지고 있다. 감자의 야생종은 서쪽 경사면인 3,000m 이상인 지역부터 4,000m인 알티플라노를 거쳐 동쪽 경사면인 3,000m인 곳까지 분포하고 있다. 야생감자의 분포지역이 감자의 재배지역이기도 하다. 이 이하의 저지대는 모두 옥수수 밭들이다. 이와 같이 감자가 기원된 지역은 표고가 높은 곳이며 따라서 감자는 고산식물이라고 말할 수도 있다.

2) 선조종은 어느 것인가?

감자의 재배종에는 2배종에서 4배종까지 있으나 가장 경제적이
며 세계적으로 널리 재배되고 있는 것은 4배종이다. 이 4배종의
기원에 대하여는 현재 두 가지 설이 있다. 하나는 영국의 호크스
(Hawkes)가 주장하는 것으로 야생 2배종(Solanum Sparsipilum)과
재배 2배종(S. Stenotomum)의 잡종식물에서 염색체수의 배가로
기원되었다는 설이며, 다른 하나는 일본의 마쓰바야시(松林)가
주장하는 것으로 재배 2배종(S. Stenotomum)과 재배 2배종(S.
Phureja)의 잡종식물에서 염색체수가 배가되어 기원되었다는 설
이다.

감자는 모두 같은 게놈을 가지고 있어 게놈분석으로는 그
해명이 곤란하며 잎이나 괴경의 형질 비교로 제안된 설이다.
'Sparsipilum'은 페루와 볼리비아의 중앙안데스 지대에 자생한다.
'Stenotomum'도 같은 지역에서 재배되고 있다. 또 'Phureja'는
베네수엘라, 콜롬비아, 페루, 볼리비아 등 넓은 지역에서 재배되
고 있다. 어느 종이나 분포지역으로 보아서는 쉽게 교잡될 가능성
은 충분히 있다.

앞에서 기술한 바와 같이, 2배종이 최초로 재배화되고 여러
2배종이 혼식되어 재배되는 과정에서 재배종 간에 또는 재배종
과 잡초로 밭에 침입한 야생종 간에 교잡이 일어난다. 이 교잡
종자가 생육하여 잡종 1대 식물이 비환원성인 배우자를 형성하
고 그들 간의 수정으로 종자가 형성되면 4배종이 성립된다. 좋
은 조건은, 감자류는 비환원성 배우자를 형성하는 성질이 매우

강하고 산악 지대 특유의 기상 상태의 격심한 변화는 비환원성 배우자의 형성을 더욱 용이하게 하였다고 추정된다. 더 한층 좋은 조건의 하나는, 중앙안데스 지대의 감자는 지하부에 괴경을 형성하기 전에 지상부에 매실 크기의 과실이 열리는 것이다. 따라서 괴경을 수확할 즈음에는 과실 내에 발아가 가능한 종자가 형성되기 때문에, 다음 계절에 과실의 종자에서 4배종 식물이 생겨날 수 있다고 예측된다.

사람에 따라서는 감자의 재배 초기에는 영양번식에 의존하지 않고, 종자파종법을 이용하였다고 한다. 영양번식법보다 종자번식법이 여러 가지 변이가 생길 가능성은 더 크다. 중앙안데스 지대의 풍부한 변이의 존재로 판단하여, 종자에 의한 재배가 이루어졌을 가능성은 충분하다.

그러나 아직 재배 4배종의 선조종은 해명되지 않고 있다. 중앙안데스의 재배 4배종은 괴경의 눈이 나오는 부위가 움푹 파여 있으며 그 정도가 현저하다. 이 특징은 'Stenotomum'이 가지고 있으며, 'Stenotomum'이 관여했을 가능성이 높다. 따라서 인도의 'Swaminathan'처럼 'Stenotomum'의 염색체수가 배가된 식물에서 기원되었다는 단일기원론을 주장하는 사람도 있다.

1971년 2차조사 때는 마쓰바야시(松林)도 참가하였으며, 그때 호크스(Hawkes)도 조사대를 이끌고 안데스에 와 있어서 라파스의 영국대사관 초청으로 일본과 영국조사대의 환영 파티가 열렸다. 여기서 감자의 기원탐구를 목적으로 하는 두 조사대가 얼굴을 마주하였으며, 어느 쪽이 먼저 감자의 기원에 종지부를 찍을 것인지가 흥밋거리가 되었다.

3) 언제, 어디에서

필자의 조사에 의하면 'Stenotomum'은 페루와 볼리비아의 국경에 걸쳐 있는 티티카카 호수의 주변지역에 집중되어 있고, 여기에는 'Phureja'도 자생하고 있어 어느 것을 막론하고 재배 4배종이나 그 밖의 재배종을 재배하는 밭에 점점이 섞여 있다.

한편, 'Sparsipilum'은 표고 3,000m 정도인 볼리비아 중앙부의 코차밤바 주변과 페루의 중앙안데스인 쿠스코 동남부에 약간 자생하고 있는 것이 발견된 것뿐이다. 이것으로 감자의 선조종이나 발상지를 결정하는 것은 위험한 일이나 티티카카 호수 주변의 상황을 생각해 볼 때가 지역이 발상지로서 가장 가능성이 높다.

티티카카 호수는 페루와 볼리비아 양국에 걸친 표고 3,800m의 알티플라노고원에 있으며 크기는 약 8,800㎢이다. 이 주변지역은 감자의 생산 지대이며 야생종과 재배종이 가장 풍부하다. 티티카카 호수의 남안에서 볼리비아 쪽으로 약 20㎞ 떨어진 곳에 티아우아나코라는 작은 마을이 있다. 그곳에는 길이가 1,000m, 폭이 450m에 달하는 전부 돌로 만들어진 대유적군이 있다. 이것은 고산 지대에서 기원전후부터 갑자기 출현한 티아우아나코의 문화유적이며, 이 문화가 안데스고원 일대에 전파되어 그 후 계속된 잉카문명의 초석이 되었다고 한다. 그때까지는 주로 태평양 해안 지대의 해안문화가 번창하고 있었다.

티아우아나코 문화가 출현한 배경에는 충분한 식량의 확보가 필요하였을 것이며, 그것은 티티카카 호수 주변의 고원지역에 풍부하게 자생하고 있는 야생감자가 커다란 역할을 했다고 해도 좋을 것이다. 재배 3배종이나 5배종도 이 지역에 집중되어

〈그림 34〉 티티카카 호수와 감자밭

분포하고, 또 그 밖의 야생종도 많이 분포한다. 바위산 위, 관목의 뿌리 주위, 계곡의 작은 웅덩이, 완전한 건조지 등 여러 장소에 가지가지 형태의 야생종이 지금도 널리 자생하고 있다. 그 야생종은 어느 것이나 그루터기에서 지하경을 내어 멀리 떨어진 곳에 괴경을 형성한다. 따라서 괴경을 찾는 것이 곤란할 정도이다. 이와 같은 성질이나 눈이 나오는 부위의 움푹함 등은 자손을 남김에 있어 야생형으로는 필요한 조건이며, 이것은 야생형의 특징이다.

한편, 고고학적 자료를 보면 해안문화가 번창한 기원전에는 발굴물의 토기 등에도 감자가 있었음을 증명하는 것은 없다. 앞에 기술한 티아우아나코 문화가 번창하였을 때가 되자, 이 주변지역에서 감자와 인간과의 밀접한 관계를 상징하는 것이 출토된다.

발굴된 토기에는 감자 모양의 것이 있으며, 항아리에는 감자의 식물체가 그려진 것이 보인다. 그 감자눈이 나오는 부위의

〈그림 35〉 잉카제국의 발상지 마추픽추 유적과 계단식 밭

움푹 파인 크기의 특징은 재배 4배종과 완전히 같다. 그것은 기원 500년경이며, 이때쯤 재배 4배종이 재배되기 시작하였다. 그때까지의 재배 2배종은 수량도 적었으며, 4배종의 출현으로 중앙안데스 지대의 원주민인 인디오의 식량이 충분히 확보되기에 이르렀다고 생각해도 좋을 것이다.

4) 새로운 재배종의 출현

재배 4배종이 알티플라노고원에서 재배화되면서 새로운 3배종과 5배종이 알티플라노의 고유 재배종으로 출현하였다. 이 재배종은 내한성이 강하여 높이 4,300m인 곳까지 재배가 가능해졌다. 또, 산악 지대 특유의 급격한 기상의 변화, 또 해(年)에 따른 기후불순에 대하여도 안정된 생산성을 나타냈다.

감자의 기원에 관여한 선조종은 야생 4배종(S. Acaule)이며, 이 식물은 야생종 중에서도 가장 잡초성이 강한 것으로 티티카카 호수를 중심으로 알티플라노에 널리 분포하고, 감자밭의 잡

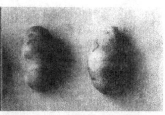

〈그림 36〉 감자의 선조종
　오른쪽 위 : S. Phureja
　왼쪽 위 : S. Stenotomum
　아래 : S. Sparsipilum
　야생종의 특징인 포기 멀리에 감자가 달려 있다

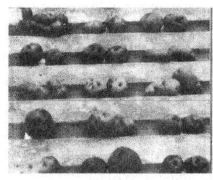

〈그림 37〉 우 : 티티카카 호수 주변지역에서 발굴된 기원 500년경의 토기. 감
　　　　　자의 싹이 나는 부위를 보여주고 있다(페루 리마의 天野박물관 소장)
　　　　　좌 : 중앙안데스 지대의 감자(S. Tuberosum Ssp. Andigena). 싹이
　　　　　나는 부위가 크고 깊게 파인 것은 발굴 토기와 같다

〈그림 38〉 중앙안데스의 야생 감자의 상태

초로 자주 침입한다. 또 여름에도 눈이 내리는 이 지역에서 충분히 생육하는 내한성이 강하다. 재배 3배종은 'Acaule'와 재배 2배종(아마도 Stenotomum)의 잡종에서 기원되었다. 또, 재배 5배종은 이 재배 3배종에 재배 4배종이 교잡된 것이며 거기서 얻어진 종자는 3배종의 비환원성 배우자와 4배종의 환원된 배우자가 수정되어 생겨난 것으로, 이렇게 하여 재배 5배종이 성립되었다고 생각된다. 이와 같은 기회는 높은 빈도로 일어나는 것은 아니나 이것도 앞에 기술한 산악 지대의 격심한 온도변화의 영향, 혹은 감자 특유의 비환원성 배우자가 생기기 쉬운 성질 등에서 기인하는 것이라고 해석된다.

이들 감자는 맛이 써서 그대로는 먹지 못하며 식용하려면 쓴맛을 제거할 필요가 있다. 원주민인 인디오는 안데스의 자연을 잘 이용하여 쓴맛을 제거하는 독자적인 방법을 고안하였다. 그것은 식량의 확보를 위해서도 커다란 역할을 하였다. 인디오는

〈그림 39〉 감자를 건조시켜 만든 추뇨. 뒤에 보이는 것은 퀴노아의 가루(백색 과 갈색이 있다)

낮과 밤의 온도변화가 심한 안데스 산악 지대의 자연을 잘 이 용하여 쓴맛을 제거하거나 식량을 확보하였으며, 그 방법은 다 음과 같다. 감자의 수확이 끝나는 4~5월경은 우기가 끝나고 건기에 접어든다. 수확 직후의 괴경을 야외에 방치하면, 밤에는 얼고 낮에는 녹는다. 이와 같은 동결과 해빙이 1주일 정도 반 복되면 괴경은 연하게 수축하나 수분은 아직 포함되어 있다. 그것을 몇 번인가 밟으면 수분이 빠져나오게 되며 그와 동시에 쓴물도 제거된다. 그것을 또다시 야외에 방치하여 1주일 정도 동결과 해빙이 반복되면, 괴경은 떫은맛도 수분도 없는 코르크 처럼 말라 딱딱하게 된다.

인디오는 이렇게 건조시킨 괴경을 추뇨(chuño)라 부르며, 건 조시키지 않은 괴경은 파파(papa)라고 부른다. 독을 제거하는 이 재미있는 방법은 안데스 원주민의 자연에 대한 승리를 나타 내고 있다. 물이 부족하고 관개시설이 생각대로 이루어지지 않는 안데스고원은 한번 한발이 닥치면 흉작의 위기에 빠진다. 추뇨는 비축식량으로 몇 번이나 원주민의 목숨을 구하였을 것이다.

떫은맛을 제거하는 이 방법이야말로 가장 적합한 저장방법이며 오늘날 각국에 보급된 동결건조법의 시초가 아닌가도 생각한다. 또 추뇨는 가벼워서 이동에도 간단하다. 인디오의 식생활은 감자와 안데스 고유의 경제가축인 라마의 고기가 주체를 이루며, 추뇨를 3시간 정도 물에 담가 원래 상태로 만들어 고기와 함께 끓여 먹는 것이 보통이다.

5) 감자의 전파

중앙안데스의 티티카카 호수 주변에서 기원된 재배 4배종은 먼저 에콰도르, 콜롬비아, 베네수엘라까지 전파되었던 재배 2배종과 대치되어 중앙안데스고원에서 남북으로 전파되고, 콜럼버스가 신대륙을 발견할 당시는 멕시코에서 칠레의 남부까지 재배되었다. 일조시간이 짧은 단일조건인 중앙안데스에서 기원된 감자는, 일조시간이 긴 장일 조건에서는 괴경이 형성되지 않는다. 따라서 멕시코나 칠레의 남부까지 전파된 감자가 장일 조건에서도 괴경을 형성하는 성질은 전파과정에서 도태와 선발로 획득된 것이라고 볼 수 있다. 재배 4배종의 분류학적 학명은 'Solanum Tuberosum'이며, 중앙안데스의 것은 아종인 'Andigena'이며 한편 장일에서도 괴경의 형성이 가능한 감자는 'Tuberosum'이다.

구대륙에 맨 처음 감자를 도입한 것은 스페인 사람이며, 스페인이 멕시코를 정복한 1521년 이후이다. 1540년경의 멕시코는 모든 식물이 부(富)의 대상이 되어 조직적인 개척사업이 확

립되었으며, 멕시코의 동해안에 있는 베라크루스 항구에서 스
페인 사이의 정기항로가 개설되어 있었다. 스페인을 경유하여
유럽에 도입된 감자는, 처음은 진기한 관상용으로 취급되어 오
다가 식용으로 큰 역할을 한 것은 몇 번인가의 기근이 발단이
었다. 유럽에서 본격적인 재배가 시작된 것은 18세기이다. 감
자는 유럽뿐만 아니라 세계 각지에서 구황식물 중에서는 주요
작물로 그 지위가 격상되었다. 또한 감자는 북유럽이나 일본
홋카이도(北海道)와 같이 기후가 한랭하여 생산성이 낮은 지역에
서 이를 개량하여 농업생산 지대를 확대하고 식량증산에 공헌
하게 되었다. 이와 같은 감자는 안데스 지대의 가혹한 자연에
서 만들어진 특성에서 기인한 것이다.

　일본에는 1601년 네덜란드 사람에 의하여 자바에서 도입된
것이 최초이며, 처음은 제대로 보급되지 않았으나 기근이 닥쳤
을 때 관심의 대상이 되었고, 18세기가 되면서 서서히 보급되
기 시작하여 도쿠가와 막부(德川幕府, 1603~1867) 말기에는 각
지에서 구황작물로 재배하게 되었다. 그러나 본격적인 재배는
메이지(明治, 1868~1912) 이후 미국으로부터 우량품종을 재도입
한 이후부터이다.

　감자의 발상지는 칠레의 칠로에섬이며 거기서 유럽으로 전파
되었다는 설도 일부 있는데, 이것은 다윈이 1855년 논문에서
칠로에섬에 자생하고 있는 것을 보았다는 보고에서 발단된 것
이다. 그러나 이것은 잘못임이 드러나 현재 칠로에설은 전혀
언급되지 않고 있다.

3. 옥수수

돌연 출현한 신비에 싸인 옥수수의 기원

"신이여, 우리가 먹을 것은 무엇입니까? 붉은 개미가 땅속에서 옥수수 종자를 물고 나왔다."　　　　　—나와톨어 부족의 구전

옥수수는 고대부터 현대까지 식량으로서 중요한 지위를 확보하고 있으며, 신대륙의 기본적인 식용작물로 많은 문명을 키워왔다. 오늘날도 옥수수의 세계 최대 생산지인 미국 콘벨트의 풍흉은 국제적인 경제변동에 영향을 미칠 정도이다.

옥수수는 생산성과 생육에 관한 광범위한 적응성을 가지고 있으며, 더구나 이삭 전체를 껍질이 싸고 있는 방호성, 이삭 단위의 수확과 저장 및 탈립 등에 대한 이점, 미숙 또는 완숙종자를 식용할 수 있다는 광범위한 이용성, 가축사료로 식물체 전부가 이용 가능한 점 등 재배식물로서 많은 특성을 구비하고 있다.

이와 같이 좋은 재배식물이 어떻게 성립하였는가에 대해서는 아직도 미해결의 상태이며, 오히려 미궁에 빠졌다고 하는 것이 적절할 것이다. 옥수수 기원에 대한 연구는 일찍부터 많은 연구자에 의하여 이루어졌음에도 불구하고, 세계의 중요작물 가운데 야생종이 발견되지 않은 유일한 것이며, 이것이 미해결의 큰 이유이다.

현재 보는 것과 같이, 재배식물로서는 말할 수 없이 뛰어난 형질을 구비하고 있는 옥수수가 처음부터 존재하였다고는 도저히 생각할 수 없으며, 옥수수의 선조종은 아직 발견되지 못했든가 아니면 이미 멸종하였든가 둘 중의 하나이다. 오랜 세월

인간의 반려자가 된 옥수수가 의식적으로 또는 무의식적으로
선발되어 야생종과는 너무나 다른 형태의 변화를 가져왔기 때
문에 선조종을 찾아내는 것이 불가능하다고 해석되는 것인지도
모른다.

그러나 앞에 기술한 밀이나 벼는 오랜 재배 역사를 가지면서
도 각각의 선조종을 지금도 추출할 수 있으며 현재도 자생하고
있다. 멸종설을 주장하는 사람은 그 요인으로 초식동물을 들고
있다. 그러나 옥수수가 재배식물이 된 시대는 적어도 신대륙에
초식동물이 거의 없었으며, 또 구대륙과는 달리 농경 초기의
방목농업도 전혀 없었다고 해도 좋을 정도이다.

1) 기원을 찾아서

1828년 이래 옥수수의 기원에 대해서는 많은 설이 언급되어
왔다. 과거에는 앞에서 이미 기술한 바와 같이, 아시아 기원설
이 있었으나 현재는 신대륙 기원이 확실시되었다. 그 근거로
신대륙 발견 전에는 구대륙에 옥수수에 관한 문헌이 전혀 없으
나, 중미의 마야문명이나 페루의 잉카문명에는 경제적 또는 종
교적으로 그 중요성을 이야기하는 자료가 발견되고 있다는 것
이다. 그러나 그 기원이 멕시코 또는 안데스 중 어느 곳인가
하는 것은 아직 모르며, 오랫동안 논쟁의 초점이 되고 있다.

재배 옥수수(Zea Mays)는 1속 1종으로 염색체수는 20(체세
포)이다. 신대륙에 자생하고 있는 근연식물로서는 옥수수와 염
색체수(기본수 10)가 같은 유클레나(Euchlaena) 속과 다른 염색
체수(기본수 18)를 갖는 트립사쿰(Tripsacum) 속이 있다.

유클레나 속은 여름이 우기인 아열대 지역의 건조한 지대에

〈그림 40〉 a : 암꽃만의 테오신트
b : 암꽃과 수꽃으로 이루어진 트립사쿰의 이삭 모식도

분포가 한정되어 있으며, 멕시코 서부의 경사면과 멕시코의 중
앙고원으로부터 과테말라까지 분포하는 야생종이다. 이 지대는
고대 멕시코의 문화 지대로 마야문명이 번창하였던 곳이다. 예
전에는 자생하는 것이 관찰되었으나, 현재는 완전히 잡초가 되
어 옥수수의 수반작물 또는 길가에서 관찰되는 정도에 지나지
않는다.

이 속에는 1년생인 2배종 테오신트(E. Mexicana)와 다년생인
4배종 페레니스(E. Perennis) 2종이 있으나, 후자는 극히 좁은
지역에 분포하며 현재는 보기가 힘들다. 테오신트의 형태는 옥
수수와 같이 자웅이화이며, 줄기의 정상에 웅성화서(수이삭), 줄
기 측면에 자성화서(암이삭)가 착생한다. 암이삭은 2줄뿐이며,
옥수수와 같이 잎이 변하여 된 포엽이라고 불리는 대생하는 잎
으로 싸여 있다. 또, 암이삭의 선단에는 옥수수에서는 흔히 관

찰되지 않는 퇴화된 작은 수꽃이 있다.

트립사쿰 속에는 5개의 2배종과 5개의 4배종이 있으며, 그 가운데 한 종은 미국의 동남부, 또 한 종은 남미의 콜롬비아에서 볼리비아에 이르는 안데스 동쪽의 저지대에 분포하고, 그 밖의 종은 멕시코와 과테말라에 집중되어 분포하고 있다. 멕시코와 과테말라는 트립사쿰 속의 중심지라고 생각되며, 특히 그 변이의 중심은 중앙멕시코의 서부 경사면이다. 트립사쿰 속은 완전한 야생종으로 대군락을 볼 수 있다. 트립사쿰의 최적 자생지의 기후 조건은 테오신트와 같이 1년 중에 우기를 가지는 건조한 곳이다. 이 속의 형태적 특징은 줄기의 정상에 착생하는 하나의 이삭에 자화와 웅화가 접근해 있다는 것이다. 한 이삭의 위에는 웅화, 아래는 테오신트와 같이 2줄로 된 자화가 착생한다. 보통은 하나의 줄기에 많은 이삭이 착생한다(〈그림 40〉의 b).

옥수수의 선조종에 대해서는 여러 가지 설이 제안되었지만, 현재 유력한 설에는 두 가지가 있다. 하나는 테오신트설이며, 다른 하나는 삼부설이다.

테오신트설은 테오신트에서 돌연변이에 의하여 재배 옥수수가 기원되었다는 설이다. 앞에서 기술한 바와 같이, 테오신트는 옥수수밭의 잡초이며 이삭의 착생도 옥수수와 흡사하고, 다른 점이라면 자화가 단순히 2줄이며 이삭의 정상에 퇴화된 빈약한 웅화가 착생하고 있다는 점이다. 또, 염색체수와 게놈도 같다. 옥수수와 테오신트의 교잡은 용이하며, 그 후대도 완전한 종자 임성을 나타낸다. 옥수수밭에서 빈번히 자연교잡이 생기며, 잡종자손이라고 생각되는 옥수수와 테오신트의 중간형에 여러 가

〈그림 41〉 멕시코의 옥수수를 재배했던 곳에 있는 테오신트

지 이삭이 나타난다. 이와 같이 옥수수와 테오신트는 가장 근연인 관계에 있다. 이삭의 형태로 보아도 옥수수의 자수는 테오신트의 자수가 몇 개인가 융합된 것이라고 생각할 수 있다.

테오신트설을 주장하는 사람들은 이삭의 종자열수에 관한 유전은 하나의 유전자에 의하여 지배되기 때문에, 그 유전자의 돌연변이로 간단하게 테오신트에서 옥수수가 성립한다고 해석하여 테오신트설을 제안하였다. 미생물 유전의 연구로 1유전자 -1효소설을 제안한 유명한 비들은 예전에는 옥수수를 연구하였으며 테오신트설의 지지자였다. 비들은 테오신트의 종자도 완숙한 것을 볶으면 팝콘과 같이 터지는 점으로 보아 테오신트를 재배하기 시작한 계기가 되었고, 그 후의 재배에서 돌연변이와 선발로 현재의 옥수수가 성립하였다고 생각하였다. 기하라(木原)에 의하면, 최근 비들은 옥수수 기원의 해명을 위하여 다시 테오신트를 가지고 실험을 개시하였다고 한다.

테오신트설의 불리한 점은 뒤에 기술하는 발굴화분의 고고학적 자료와 진정한 의미의 자생지가 없다는 것이다.

삼부설은 하버드대학의 만겔스도프와 리브스 두 사람에 의하여 비들의 테오신트설과 같은 연대인 1939년에 제안된 설이다. 삼부설은 다음과 같이 3부로 성립되기 때문에 삼부설이라고 불린다.

(a) 재배 옥수수는 남미 저지대(아마도 볼리비아의 저지대)의 고유 야생종인 포드콘(pod corn : 한알 한알이 껍질에 싸여 있음)에서 기원되었으며, 이 야생종은 아직 발견되지 않았다.

(b) 테오신트는 중미에 도입된 재배 옥수수와 트립사쿰의 어느 한 종과의 자연잡종에서 기원되었다.

(c) 가장 근대적인 재배 옥수수는 원시적인 재배 옥수수에 테오신트나 트립사쿰의 유전자가 도입되어 성립되었다.

삼부설에 의하면, 원시적인 재배종은 남미에서 성립하여 북으로 멕시코와 과테말라까지 전파되고, 그 지역에 자생하는 트립사쿰 속의 어떤 종과 자연교잡되어 테오신트가 성립하였다. 그 후 테오신트를 통하여 자주 트립사쿰의 유전자가 옥수수에 도입되어 근대적인 재배 옥수수가 성립하였다고 한다(그림 42).

삼부설은 다음에 기술하는 근거와 이론에 따라 제안되어 지지를 받았다.

우선, 중미 및 북미계통과 남미계통 간에는 형태학적으로나 세포유전학적으로 보아 명백한 차이가 보인다. 중미와 북미계통은 트립사쿰의 영향이 보이며, 남미계통은 트립사쿰의 영향이 전혀 보이지 않는다. 예를 들면, 중미와 북미계통은 탈립이

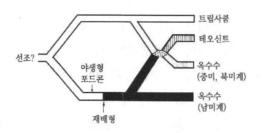

〈그림 42〉 삼부설에 의한 옥수수의 진화(Mangelsdorf&Reeves, 1939)

용이하나 남미계통은 탈립이 쉽지 않다. 탈립이 용이하다는 것은 근대농업의 기계화에 아주 적합한 성질로 이점이 되며, 탈립이 곤란한 성질은 탈립기에 넣었을 때 종자가 부서질 위험이 있다. 이 형질은 트립사쿰의 특징인 탈립성에 관여하는 유전자에 의한 것으로 중미 및 북미의 옥수수 성립에는 트립사쿰이 관여하고 있으나, 남미 옥수수에는 관여하지 않았음을 나타내는 것이다.

더구나 인위적으로 옥수수(ZZ)와 트립사쿰(TT)의 잡종을 만들어, 그 잡종1대(ZT)에 옥수수(ZZ)를 또다시 교잡한다(ZZT). 옥수수로 교잡하는 방법으로 몇 번이고 반복한다. 그러면 결국에는 자손의 염색체 구성은 옥수수의 염색체만으로 구성되며 트립사쿰의 염색체는 잡종자손에서 없어지게 된다.

그러나 성숙분열에서 양친의 일부 염색체가 대합하면 양친의 염색체 사이에는 교차라는 현상이 일어나 염색체의 일부를 서로 교환한다는 것을 알고 있다. 트립사쿰과 옥수수의 염색체 사이에 대합이 이루어지면, 서로 염색체교차가 일어나 그 결과 트립사쿰의 유전자가 옥수수의 염색체로 옮겨갈 것이 기대된다.

실험적으로 이 방법을 이용하여 트립사쿰의 유전자도입에 성공하였다. 예를 들면 앞에서 설명한 반복되는 교잡으로 트립사쿰의 염색체 위에 있는 전분성을 지배하는 유전자를 옥수수에 도입하여 단옥수수를 전분성 옥수수로 만들었다. 이와 같이 트립사쿰의 염색체 위에 있는 종피의 각질성, 탈락성, 암꽃 종실의 2조열성에 관한 유전자가 동시에 옥수수의 염색체로 옮겨졌다면 테오신트에 가까운 형태의 식물체 출현이 기대된다. 그러나 실제는 이들 교잡자손에서 테오신트가 출현하지 않아 테오신트의 합성은 성공하지 못하고 끝났다.

또 멕시코시 지하 69~72m에서 얻은 자료에 의하면 약 25000년 전으로 추정되는 지층에서 옥수수와 트립사쿰의 화분이 발굴되었다. 이 깊이의 퇴적물은 신대륙에 인류가 출현하기 전이라고 추정되고 있다. 트립사쿰의 화분은 더욱 깊은 곳에서도 발견되었다.

한편, 테오신트는 이보다 8m 위의 훨씬 새로운 지층에서 발견되었다. 이 화분의 발굴로 만젤스도프 일파는 이렇게 이른 시대의 옥수수 화분은 분명히 농경시대 이전의 것이며, 재배종이 아닌 야생종이라는 견해를 취하여 그 후 삼부설을 일부 수정하였으며, 옥수수의 야생종은 옛날 볼리비아에서 멕시코에 걸쳐 널리 분포하고 있었다고 하였다.

주거지에서 발견된 옥수수 탄화물의 연대에 따른 형태의 변천은 이미 설명한 삼부설로 잘 설명할 수 있다. 이 발굴물은 기원전 약 5000년부터 시작하여 연속적인 모양을 나타내고 있다. 최초의 2000년간은 포드콘과 같은 야생형이며, 자수의 크기가 약간 증가한 것 외에는 커다란 형태적 변화는 나타나지 않았고, 농경이 확립된 기원전 2000년경이 되어서야 새로운 다양성이 폭발적으로 출현하였다. 이것은 옥수수와 트립사쿰의 잡종에서 테오신트가 생겨났으며, 테오신트로부터 유전자가 도입되었기 때문이라고 추정되는 형태를 나타내고 있다. 만젤스도프는 포드콘과 같은 야생형은 기원 1000년경에 멸종되었다고 하였다.

이상과 같이 만젤스도프와 리브스의 삼부설은 옥수수의 기원에서 유력시되고 있으나, 야생종의 발견이 이 설을 실증하는 열쇠로 남아 있다.

한편, 삼부설을 이루는 근거에 대하여 누구나 인정하고 있다고는 말할 수 없다. 연구자들에 따라서는 여러 가지 반론을 전개하여 논쟁은 여전히 계속되고 있다.

테오신트가 선조종이라는 테오신트설의 치명적인 결함은 오랜 옛날의 테오신트 화분이 현존하지 않는다는 것이다. 그러나 테오신트설의 지지자는 화분 크기로 분류하는 방법에 문제점이 있다는 견해를 취하고 있다. 현존하는 화분의 크기는 확실히 옥수수가 제일 크고 트립사쿰이 제일 작으며 테오신트는 그 중간이나 실제로 많은 계통의 옥수수화분을 조사한 결과, 화분의 크기는 자수의 길이나 화주의 길이와 상관이 있음을 지적하였다.

더욱이 옥수수는 원시적인 계통일수록 자수와 화주가 짧으며, 진화한 계통일수록 자수와 화주가 길다. 그렇다면 원시적인 계통은 작은 화분, 진화한 계통은 큰 화분을 가지게 된다. 발굴된 옥수수의 자수도 오래된 것일수록 짧고, 새로운 것일수록 길다. 즉, 현재의 화분 크기를 기준으로 분류하는 방법에 의문이 있으며, 그 방법으로 테오신트의 존재유무를 논하는 데는 문제가 있다고 반론하였다.

옥수수의 자수는 전부 포엽에 싸여 있기 때문에 수정하는 데는 주두가 밖으로 노출될 필요가 있다. 즉, 옥수수는 수염이라고 불리는 긴 화주가 포엽 밖으로 나와 있다. 따라서 긴 것은 약 50㎝에 달하는 수염을 가지고 있다. 수염의 끝은 주두이며 주두 끝은 둘로 갈라져 있고, 눈에 보이지 않을 정도의 가는 털이 많이 나있어 여기에 화분이 부착한다. 주두에 부착한 화분은 주두에서 발아하고, 화분관이 신장하여 화사 내를 통하여 자방 안에 있는 난세포에 도달하여 비로소 수정이 완료된다. 이와 같이 화분관이 길게 신장하기 위해서는 많은 에너지를 필요로 하기 때문에 테오신트설을 주장하는 사람들이 지적하는 자수의 길이와 이에 따른 화주의 길이가 화분의 크기를 다르게 한다는 것은 자수의 구조상 쉽게 이해할 수 있다.

이 반론에 답하여 삼부설을 지지하는 사람들은 새로운 화분 분류법을 제안하고, 그 방법으로 분류해도 발굴화분의 분류는 정확하였음을 명확히 하였다. 즉, 전자현미경으로 관찰하면 옥수수의 화분표면에는 전면에 가시가 돋아나 있으며, 테오신트의 가시는 군생하여 점점이 돋아나 있고 트립사쿰에는 가시가 전혀 없다. 이와 같이 가시의 유무 및 분포로 명백하게 판별할 수 있다고 하였다.

그러나 화분의 크기에 대하여는 여전히 의문이 남아 있어 미해결의 상태이다.

다음으로 삼부설을 주장하는 사람들은 북미 및 중미 옥수수와 남미 옥수수의 차이로 트립사쿰의 영향유무에 의한 형태학적 및 세포유전학적 근거를 들고 있으나, 그 점에 대해서도 반론이 제기되었다. 예를 들면 반대하는 사람들은 트립사쿰의 지리적 분포의 남쪽 한계는 볼리비아의 중앙저지이나, 그 지역의 옥수수에는 명확히 트립사쿰의 영향이라고 말할 수 있는 탈립하기 쉬운 계통이 있다. 또한, 삼부설을 주장하는 사람들은 세포분열 중에 보이는 염색체의 혹 모양 덩어리(Knob)는 트립사쿰의 특징이며, 남미계통에는 없고 북미와 중미계통에는 있다는 세포학적 근거로 옥수수의 진화와 트립사쿰과의 관계를 설명하였다.

그러나 이에 대해서도 테오신트설을 주장하는 사람들은 멕시코계통 가운데 트립사쿰의 형질을 가진 옥수수 중에도 염색체 혹을 갖지 않는 계통이 있다는 점과, 또 멕시코와 과테말라의 옥수수계통 중에서 염색체 혹을 높은 빈도로 가지는 계통이라도 그 밭에 존재하는 테오신트 염색체의 혹수와 평행적 관계이기 때문에 이것은 그 밭에 존재하는 테오신트의 영향이며, 반드시 트립사쿰이 옥수수의 진화에 관여하였다는 증거는 되지 못한다고 반론하였다.

테오신트설을 지지하며 삼부설을 반대하는 입장의 사람들은 현재 자연계에서 옥수수와 트립사쿰의 잡종이 보이지 않는 것을 이유로 들고 있다. 그러나 두 종간의 인공적인 잡종육성에는 하나의 비결이 있다. 그것은 옥수수의 긴 수염을 짧게 자르고 트립사쿰의 화분으로 수분시키는 것이다. 주두가 아닌 화주의 다른 부분에 화분을 수분시켜도 화분의 발아관은 쉽게 화주 속으로 들어갈 수 있기 때문에 수정도 가능하다. 따라서 자연계에서 잡종이 보이지 않는 것은 현재와 같이 긴 화주를 가진 옥수수에 트립사쿰의 화분으로 수분시켜도 화분관이 씨방에 도달할 수 없기 때문이며 이것이 원인이라고 한다.

고대 옥수수는 자수가 작았던 것이 사실이기 때문에, 당시는 트립사쿰과 옥수수의 잡종이 쉽게 만들어졌을 가능성이 높다. 또, 그 잡종은 불임이나 옥수수와 잡종 사이에 교잡이 계속되는 이상, 잡종자손이 계속 대를 이어가는 것은 만겔스도프나 그 외 많은 사람들의 실험으로 증명되었다. 옥수수 부류는 타가수정식물이기 때문에 자연계에서도 그와 같은 반복된 교잡이 쉽게 계속된다.

이와 같이 옥수수의 야생종이 발견되지 않은 현재 어느 설이 옳은가를 결정하는 것은 불가능하다. 그러나 고고학적 자료로 미루어 보아, 농경이 확립되기 이전에 옥수수에 대한 가장 오래된 출토품이 풍부한 멕시코가 재배 옥수수의 발상지로 가장 유력하다. 멕시코에서 발굴된 옥수수의 자수는 가장 오래된 것이 기원전 5000년으로 농경이 확립되기 전이었다. 따라서 출토된 옥수수는 야생종으로 추정된다. 만겔스도프의 조사에 의하면, 그 자수는 1.9~2.5㎝이며 밑에는 자화, 위에는 웅화가 착생하는 포드콘과 같은 것이라고 한다.

그 후, 출토된 옥수수는 자수의 길이가 서서히 증가하며 농경이 확립되었다고 생각되는 기원전 2000년경에 출토된 옥수수는 자수가 갑자기 커져 진화가 급격히 이루어졌음을 나타내고 있다. 이 진화가 트립사쿰의 직접적인 영향인지 아니면 테오신트의 영향인지에 대하여 논란이 집중되고 있다. 사람에 따라서는 현재의 멕시코 옥수수를 25계통으로 대별하고, 그 가운데 적어도 17계통은 명확히 테오신트가 관여했다고 한다.

현재도 멕시코의 농경 지대에 분포하는 테오신트는 옥수수의 유전자 공급원으로 중요한 역할을 하는 것이 사실이다. 특히, 옥수수의 잡종강세 현상은 다른 벼과 식물에 비하여 재배식물로서의 가치를 가장 효과적으로 나타내고 있는 것이라고 한다. 이상의 것을 생각하면, 선조종의 문제와는 별도로 테오신트도 옥수수의 진화에 있어 그 중요성으로 보아 간단히 보아 넘길 수는 없는 것이다.

여기서 옥수수 자수의 거대화에 대한 진화기구를 생각하여 보자. 이삭 축이 거대화된 진화는 트립사쿰이나 테오신트가 관여하였다고 하여도 그에 따른 포엽의 발달, 화분의 대형화, 화주 길이의 증가를 필요로 한다.

이와 같은 진화에 대하여, 하버드대학의 갤리넛(Galinat)은 1965년 흥미 있는 가설을 제안하였다. 포엽이 짧아 종자가 노출되는 계통은 조류 등의 피해를 받아 결국은 포엽이 발달한 계통을 선발하게 된다. 한편, 포엽 밖으로 화주가 나오는 긴 자화와 긴 화주를 가져도 충분히 씨방에 도달할 수 있는 큰 화분 사이에 수정이 가능하게 되어 종자를 형성한다. 이와 같은 세 가지의 관련성을 기본으로 오랜 세월 자연돌연변이의 선발과 도태가 누적되어 현재의 재배형이 성립되었다고 해석하였다. 이 설에 의하면, 인간은 재배한다는 기계적인 행위만으로 옥수수의 자수를 거대하게 진화시켰으며, 그 원동력은 노출된 종자를 먹어 치운 조류가 된다.

야생종에서 재배종으로 진화된 것이 멕시코에서 이루어졌다고 하여도 그 야생종은 멕시코로부터 볼리비아까지 넓은 지역에 분포하였다고 추정되기 때문에, 이 넓은 지역의 여러 곳에서 다원적으로 기원되었을 가능성도 있다. 벨하우젠(Wellhausen) 등은 멕시코의 재배종을 10계통으로 대별하고, 그 가운데 4계통은 남미에서 유래한 것이라고 하였다. 또, 멕시코에서 일원적으로 기원하였다 하여도 멕시코에서 볼리비아에 이르는 넓은 지역의 어느 곳에는 지금도 야생종이 자생하고 있을 가능성은 있다.

2) 안데스고원의 조사

필자는 페루와 볼리비아의 안데스 지역을 탐색해 보았다.

이 지역의 옥수수에 대한 최초의 고고학적 자료는 기원전 1400~1200년 사이의 것으로 페루 해안의 유적에서 출토된 토기에서 주로 보이며, 이것의 연대는 확실히 멕시코의 것보다 늦은 것이다. 그러나 최초의 것은 자수가 작은 계통이었고, 그 후 기원전 900~800년경의 것은 자수가 큰 계통이 출토되었다. 만약 멕시코에서 도입되었다면, 그 연대로 보아 최초부터 큰 계통이 존재하였을 것이다. 따라서 안데스 지역에서도 멕시코와는 별개로 재배화되었을 가능성이 높다.

페루에 거주하는 일본인인 아마노(天野芳太郞) 씨의 박물관과 국립박물관에서 출토품을 조사해 본 결과, 기원전 아주 오래 전이라고 생각되는 시대의 탄화된 옥수수는 자수의 길이가 약 3㎝, 폭이 0.6㎝, 종자는 없었으나 붙어 있던 흔적으로 보아 작았으며, 종자가 붙는 열은 정렬되어 있지 않았다. 그 후 출토된 잉카 이전의 토기에 그려져 있는 것을 보면, 초기의 것은 부정렬이나 후기의 것은 열이 바르고 자수와 종자도 커져 현재의 것과 완전히 같다. 이와 같이 옛날의 옥수수는 작은 자수, 작은 종자 더구나 종자가 붙는 열이 정렬되어 있지 않았음을 알았다.

페루의 기원전 유적에서 발굴된
탄화된 옥수수(길이 약 3cm)

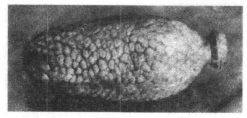

페루의 기원전 발굴물 옥수수를 나타내는 토기

중앙안데스 지방에서 가장 오래   페루 모치카시대의 토기
된 품종인 에나노(길이 약 6cm)   (기원 0~500년)

〈그림 43〉 페루 옥수수 모양의 추이

한편으로는 현재 재배되고 있는 옥수수를 조사하여 보았다.
가장 좋은 방법은 안데스산 너머의 시장, 길가의 노천시장, 고
원의 여기저기에서 전개되는 야시장 등에서 수집하는 것이다.
이 생산물들은 틀림없이 원주민의 선조들로부터 물려받은 종자
를 주거지 주변에 파종하여 수확된 것으로 생각된다. 물론 대
규모의 생산 지대가 있으나 그것들은 이미 근대적인 품종으로
교체되어 있다. 따라서, 도시의 시장에 나와 있는 옥수수는 완

〈그림 44〉 중앙안데스 지대의 인디오 시장에서 수집한 여러 가지 옥수수

전히 균일하여 우리들이 목적으로 하는 것이 아니었고, 노천시
장이나 야시장의 것은 매우 다양하여 단지 5개 또는 6개를 펼
쳐 놓은 옥수수라도 어느 것 하나 같은 것이 없었다. 이렇게
수집한 옥수수는 멕시코 옥수수에 비하여 상당히 풍부한 변이
를 가진 것이었다. 그 가운데 에나노(Enano : 스페인어로 키가 작
다는 의미)라는 품종은 현존하는 옥수수 중에서 가장 오래된 품
종이라는 것을 알았다. 에나노는 전술한 고고학적 자료에 의하
면, 이 지방에서 가장 오래된 것과 매우 흡사한 것이었다.

또 식용방법의 다양성이나 식용방법에 따른 품종의 사용구분
등은 그것이 오래되었음을 알 수 있는 지표가 된다.

멕시코와 비교하여 옥수수의 식용방법도 결코 뒤떨어지지 않
을 정도로 다양하다. 매운맛이 강렬한 고추와 함께 익혀 먹기
도 하고, 가루로 죽과 빵을 만들어 먹기도 한다. 또, 완전히 여

〈그림 45〉 인디오의 옥수수를 사고 있는 필자. 여러 가지 모양에 종실 색깔
　　　　　도 다양하다

문 종자를 따서 물에 불려 연하게 한 다음 쪄서 한알 한알 껍
질을 벗겨 먹기도 한다.

　이것에 사용되는 품종은 이 지역 특유의 알갱이가 상당히 큰
것이 이용되고 있다. 물론 덜 여문 옥수수를 찐다든가 구어서
먹기도 한다.

　특히 술은 인간 생활에 밀접한 관계가 있으며 대부분의 술은
주식이 되는 곡물을 재료로 한다. 이 지역에서는 다른 곳에서
는 찾아볼 수 없는 옥수수로 만든 치차라 부르는 술을 만든다.
원래는 옥수수를 물에 불린 다음 쪄서 그것을 입으로 씹어 그
릇에 담아 발효시킨 것이다. 그러나 지금은 발아시킨 종자를
음지에서 말려 솥에 넣고 끓인 다음, 항아리에 넣어 발효시키
는 대량으로 생산하는 방법을 이용하고 있다. 이 치차에 이용

〈그림 46〉 옥수수로 만든 치차 술을 팔고 있는 인디오

하는 품종은 검은색 옥수수로 크고 짧은 자수를 가진 품종만이
이용된다.

필자는 에나노가 성립한 원산지를 탐색하면 야생종도 발견될
지 모른다고 기대하였다. 여러 자료에서 에나노의 원산지는 볼
리비아 북부의 아마존강 상류 지대라고 추정하였다.

3) 에나노의 원산지를 찾아서

1973년 1월, 대원 일동은 볼리비아의 안데스산맥 가운데 있
는 표고 4,000m의 라파스에서 비행기를 타고 정글의 도시인
코비하(표고 약 260m)로 갔다. 비행기에서 내려다보니 물이 불
은 아마존강의 상류 지대에는 광활한 정글이 전개되고 있었으
며, 그 사이사이를 많은 물줄기가 거미집같이 수놓고 있었다.
코비하는 볼리비아의 북서부 끝에 위치하며 이 지역에서는 가

174

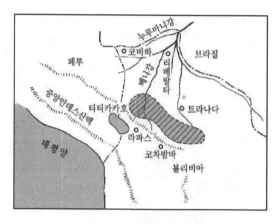

〈그림 47〉 에나노의 조사지역과 Tripsacum Asutrale의 분포지역(사선 지역)

장 큰 국경마을이다. 마을 바로 옆에는 폭이 10m 정도 되는 작은 개울이 흐르고 있었으며 이 개울을 건너면 브라질 땅이다. 또한 페루의 국경도 가깝다. 인구가 4,500명 정도인 이주민들의 작은 마을이며 국제적인 혼혈이 많다. 이민 1세에서 4세까지의 일본인도 있고, 그중에는 마을의 먼저 시장이나 볼리비아의 국회의원까지 있다. 가까이 흐르는 아마존강의 상류에는 요코하마, 도고 등 일본인이 활약한 지명이 남아 있다.

이 코비하를 기지로 정하고, 코비하의 북동쪽에 해당하는 정글 속의 누루마니강의 원류를 에나노의 재배 지대로 지목하였다. 정글 지대로 들어가는 데는 말을 이용하는 것이 가장 능률적이었다. 말이 겨우 통과할 정도의 농가와 농가를 연결하는 길을 청룡도처럼 날이 두껍고 넓은 칼로 앞을 개척하며 전진하였다. 정글 속은 열대의 여름임에도 불구하고, 햇빛이 전혀 들어오지 않아 서늘한 느낌마저 감돈다. 아무 소리도 들리지 않는 적막함을 깨뜨리는 것은 새들의 울음소리, 시끄러운 원숭이

들의 부르짖음, 나무열매가 떨어지는 소리, 갑자기 쏟아지는 열
대성 소나기의 세찬 소리뿐이다.

정글에는 고무나무나 카스타니아(호두의 일종, 열매는 대부분 지
방으로 되어 있어 과자나 비누의 원료로 쓰임)라는 나무가 여기저
기 자생하고 있다. 몇백 년인가 묵은 카스타니아에는 딱딱한
껍질을 가진 소프트볼 크기의 열매가 열리며, 수십 미터 높이
에서 꽝 하는 소리를 내며 떨어진다. 떨어지는 이 열매에 직접
맞으면 생명이 위험할 정도이다. 떨어진 카스타니아 열매를 모
아 하천을 이용하여 출하한다. 고무나무와 함께 농가의 중요한
환금원이 되고 있다.

옛날에는 고무생산이 주를 이루었으나 현재는 카스타니아에
압도되어 있다. 농가의 정글 경계는 몇 그루의 고무나무로 되
어 있으며, 경계 내의 카스타니아는 모두 그 농가의 소유이다.

해가 지면 농가에 부탁하여 숙소를 얻었으며, 숙소는 야자잎
으로 지붕을 씌웠을 뿐인 침상이 높은 집이다. 어두운 등잔불
밑에서 현지에서 조달한 것으로 식사를 하였다. 경험하지 못한
진기한 것과 여러 가지 요리법을 체험해 보며, 식량을 운반하
는 고생도 없어 일거양득이었다.

이 지방의 주식은 카리브해의 베네수엘라 저지에서 기원된
카사바라는 관목성 식물의 괴경이다. 이 괴경을 찐 것이나 또
는 이것으로 만든 가루를 부식에 뿌려 먹는다. 부식은 강낭콩
만을 삶은 것에 이름 모를 들짐승의 고기나 민물고기를 넣어
만든 것이다. 밤이 되면 높은 침상 위에 나동그라져 잠을 자지
만 침상 밑에서 들려오는 돼지 소리, 세찬 소나기 소리, 모기나
벌레에 물린 가려움 등으로 단잠을 설친다. 음료수는 흙탕물을

항아리에 넣어 침전시킨 다음 위의 맑은 물을 사용한다. 목욕은 냇가에서 그대로 한다. 이들 농가는 카사바, 옥수수, 밭벼, 바나나 등을 주로 화전농경 형태로 경작하며, 한편으로는 방목에 의한 목축을 하고 있다.

고생의 연속도 끝나 일주일째가 되어 기다리던 원류 지대에 도착하였다. 그 지역은 완전한 밀림 지대였으며 목적하는 야생종은 끝내 발견되지 않았다. 더구나 여기저기 흩어져 있는 옥수수 화전에는 이미 근대적인 품종뿐이었으며 에나노는 존재하지 않았다. 여러 가지 정보나 관찰한 것을 종합해 본 결과, 이 지역의 원주민은 수렵 채취생활을 하고 있으며 농경은 원래 성립되지 않았고, 옥수수는 이주민에 의하여 도입된 것으로 에나노는 수년 전까지만 하여도 재배되었던 것이 판명되었다. 이제부터는 오로지 도입경로를 추적하여 그 원산지를 알아내는 방법밖에는 없다는 결론에 도달하였다.

에나노를 찾아서 볼리비아 북동부의 베니 강가에 접한 인구 1만 명 정도의 마을인 리베랄타로 갔다. 베니강은 이미 우기에 접어들어 하천이 범람하여 강변에는 침수된 가옥들도 보였다. 떠내려오는 나무를 피하며 강을 거슬러 올라가 배를 강가에 대고, 무릎까지 빠지는 흙탕길을 걸으며 에나노를 찾아 걸었다. 베니 강을 따라 추적한 결과, 에나노는 지난 2~3년간 전혀 재배되지 않았고, 이주민에 의하여 볼리비아의 안데스 동사면 지역에서 베니강을 통하여 도입되었다는 것이 거의 확실시되었다. 다만, 예정된 기간 내에 안데스 동사면 지역의 조사가 불가능하여 탐색은 포기할 수밖에 없었다. 이와 같이 에나노의 탐색은 성공하지 못하고 말았으나 뜻하지 않은 성과를 얻을 수

〈그림 48〉 베니강 상류지역의 Tripsacum Australe의 자생지

있었다.

리베랄타 지역을 조사한 후 대원들은 서로 나누어 각지로 흩어졌다. 야마모토(山本紀夫) 대원은 리베랄타에서 또다시 베니강 상류로 깊숙이 들어갔다. 무섭게 범람한 강은 정글 내의 모든 길을 강으로 만들었으며 말들도 목까지 잠기는 물을 헤엄치며 카누를 사용하여 정글 지대를 탈출하여, 지류인 네그로 강가의 넓은 초원 지대로 나왔다. 강가에는 벼의 야생군락도 있었으며, 초원에는 종자가 많이 들어 있는 10cm 정도의 파인애플 야생종도 자생하고 있었고, 드디어 트립사쿰의 군락을 발견할 수 있었다.

2배종인 오스트랄레(Tripsacum Australe)는 베네수엘라, 영국령 기아나, 콜롬비아, 에콰도르, 페루, 볼리비아, 파라과이, 브

〈그림 49〉

코차밤바 부근의 밭에 보이는 암꽃
과 수꽃이 함께 있는 특이한 이삭

〈그림 50〉

한알 한알이 껍질에 싸여 있는 포드콘

라질에 분포하는 것으로 되어 있으나, 현재까지 발견되고 있는
볼리비아의 분포는 안데스의 동쪽 경사면과 볼리비아의 남동부
인 저지대에 국한되며 매우 작은 군락이었다. 이번 조사로 이
두 지역을 하나로 연결하는 자생지를 발견한 것이 되었으며,
이 야생종은 볼리비아에서도 넓은 지역에 분포한다는 것이 분
명해졌다.

그 분포지역은 볼리비아의 안데스 동쪽 경사면인 산기슭과
산기슭에 연이어 계속되는 초원을 포함하는 지역이다. 볼리비
아와 안데스의 동쪽 경사면은 코차밤바(표고 2,570m)를 중심으
로 변이가 가장 풍부한 옥수수의 농경 지대이며, 오래된 농경
문화의 역사를 가지는 중요한 곳이다. 코차밤바는 인구 15만의
볼리비아 제2의 도시이며, 근교에서는 오래된 촌락유적이 발견
되고 있다. 현재도 트립사쿰의 특징인 자수에 수꽃과 암꽃을
동시에 가지는 옥수수가 밭에서 관찰되며, 주거지의 발굴물에
서는 종자가 껍질에 싸인 원시적인 포드콘이 많이 출토되고 있
다. 이후 오스트랄레(Tripsacum Australe)와 볼리비아에서 재배

〈그림 51〉 코차밤바의 옥수수 시장

종으로 진화한 것의 관계가 옥수수의 기원을 해결하는 계기가 된다면, 이번 에나노의 추적 탐색도 일단은 목적을 달성했다고 하겠다.

북미에서 콘벨트의 성립 계기가 되었으며, 잡종강세로 생산성이 큰 거대형인 옥수수 육종에 이용된 하나의 계통은 콜롬비아 고지에 적응성을 가지는 계통과 오스트랄레의 잡종에서 기원하는 남미계통이라고 한다.

4. 고구마

콜럼버스가 신대륙을 발견하기 전에 신구대륙 사이에 교류가 있었는지 언제나 화제가 되는 고구마는 멕시코가 기원이다.

고구마는 메꽃과 고구마 속에 속하며 크게 부푼 괴근을 형성한다. 감자는 지하경이 변하여 된 것이나 고구마는 뿌리가 부푼 것이다. 고구마의 괴근은 중요한 녹말 자원이며, 동시에 당분도 풍부한 열대지역의 중요한 경제작물이다.

고구마는 전술한 바와 같이, 신대륙 발견 전에 구대륙에 전파되었다고 하여도 신대륙에서 기원된 것임에는 의문의 여지가 없다. 예전에는 아프리카 기원설 또는 아시아 기원설이 제창되었다. 아프리카에서는 고구마를 먼 옛날부터 재배하였다는 기록이 있으나, 이는 고구마가 아니고 다른 식물이다. 따라서 아프리카 기원설은 아무 근거도 없으나 아시아 기원설은 상당한 근거가 있다.

폴리네시아의 동부와 남부에서는 중요한 식용작물이며, 일부 연구자는 콜럼버스가 신대륙을 발견하기 이전에 이미 폴리네시아에 고구마가 존재하였던 증거를 들고 있다. 중국의 농업 백과사전으로 알려져 있는 명나라 이시진(李時珍)의 저서인 『본초강목(本草綱目)』(1590)에는 몇 품종의 고구마에 대한 기록이 수록되어 있어 중국에도 이전부터 고구마가 재배되고 있었다는 의견이 있다.

고구마 속에는 덩이를 형성하는 것이 몇 종 알려져 있다. 아프리카 원산인 파니쿨라타(Ipomoea Paniculata)는 예로부터 약용으로 재배되었으며, 동부 아시아에서 재배되고 있는 맘모사(I. Mammosa)는 고구마와는 다른 것이다. 그 이유는, 형태적으로도 다르며 고구마(I. Batatas)의 염색체는 90으로 6배종이나 이들 2종은 2배종으로 어느 것이나 고구마와는 교잡이 불가능하다는 것이다. 또, 신구대륙에는 고구마 속의 야생종이 분포해 있으나 고구마에 근연인 것으로 근년에 와서 구대륙에 귀화한 것을 제외하면, 거의 신대륙에 한정되어 있다.

드캉돌은 열대 아메리카에 많이 자생하고 있음을 들어 신대륙 기원설을 제창하였으며, 바빌로프도 신대륙 기원설을 지지하였다. 열대 아메리카설을 확정적으로 만든 것은 니시야마(西山市三)의 연구이다. 니시야마는 1955년 멕시코 국내를 탐색하여 고구마와 상당히 근연종이라고 할 수 있는 새로운 식물을 발견하였다. 이 야생종은 고구마와 같은 염색체수를 가지는 6배종이며, 덩이뿌리를 형성하지는 않으나 많은 점이 고구마와 흡사하다. 이 야생종은 트리피다(I. Trifida)로 명명되었으며, 여기에 고구마의 선조가 있음이 확정되었다.

고구마 속의 염색체수는 고구마와 트리피다가 90인 것을 제외하고는 30과 60이다. 따라서, 고구마는 염색체수 15를 기본수로 하는 6배종이며 다른 야생종은 2배종이든가 아니면 4배종이다. 고구마와 교잡 가능하고, 더구나 같은 게놈을 가진 근연종으로는 야생 2배종인 류칸타(I. Leucantha)와 야생 4배종인 리토랄리스(I. Littoralis)가 있다. 니시야마는 이 2종의 교잡으로 3배종인 잡종식물이 생겼으며 계속하여 염색체가 배가하여 야생 6배종인 트리피다가 성립하고, 이 야생종의 재배화로 재배 고구마가 기원되었다고 설명하였다. 실제, 이와 같은 경로를 거쳐 합성한 식물은 고구마나 야생 6배종인 트리피다와 형태적으로도 매우 흡사하고 합성종과 이들 간의 잡종은 세포학적으로도 정상이었다.

그러나 미국의 연구자들은 니시야마가 채집한 야생 6배종인 트리피다가 한곳에서 더구나 하나의 식물체를 발견한 것에 지나지 않음과 재배 고구마에서 생겨난 식물일 가능성이 있다는 이유로 찬성하지만은 않았다. 특히 미국에서 고구마 연구를 하고 있는 존스(Jones)는 니시야마가 채집한 야생 6배종은 그와 같은 과정을 거쳐 출현하여 야생화한 것이라는 견해를 발표하였다.

필자를 포함한 교토(京都)대학의 3차 중남미 재배식물 조사대 (1972~1973)는 멕시코에서 과테말라까지 20개소에 달하는 지점에서 트리피다의 풍부한 자생지를 발견하였고, 더욱이 현재까지 발견되지 않았던 야생 4배종인 트리피다를 세계 최초로 발견하는 데 성공하였다.

이와 같이 많이 자생한다는 것은 미국학파가 반대하는 근거가 옳지 않음을 실증하는 것이다. 더욱이 고구마와 형태적으로 가장 흡사한 야생 2배종인 류칸타와 야생 4배종인 트리피다 사이에서 자연잡종이 생기고, 계속하여 염색체가 배가된 야생 6배종인 트리피다에서 고구마가 기원되었을 가능성이 유력해졌다. 또 고구마의 발상지는 야생 6배종이 자생하는 멕시코에서 과테말라 지역까지일 가능성이 높다.

고구마의 선조종은 작은 관목이나 수확한 옥수수 줄기에 감겨 있든가, 해변가 모래밭에 엉켜서 자생하고 있다. 그것은 완전한 야생종이라기보다는 잡초화된 것이며, 나팔꽃이 작아진 것과 같은 꽃을 가지고 있다. 또 뿌리는 새끼손가락 굵기이며 자르면 흰 즙액이 나온다. 재배 고구마는 영양번식을 하지만 야생종은 종자로 번식한다. 이 선조종은 농업 초기 주거지 부근에 자생하였으며, 종자는 인간이 가는 곳이면 어디든지 함께 묻어갔을 것이다.

〈그림 52〉 멕시코에 있는 고구마 선조종(I. Trifida)의 자생지

화전에서 또는 칼리 성분이 많은 토양에서 뿌리의 비대가 촉진되고 감미가 증진되며, 양질의 녹말이 많은 뿌리의 특성은 인간이 이용하게 된 동기로 생각된다. 그러나 새끼손가락만 한 것에서 현재의 것과 같은 크기로 진화한 과정은 명확치 않으며, 재배화된 이후 장구한 세월의 돌연변이와 선발 및 도태를 거쳐 현재와 같은 것이 성립되었다고 보아도 좋을 것이다. 야생 6배종인 트리피다의 뿌리는 많은 비료를 주어도 결코 비대해지지 않는다.

고구마의 고고학적 자료는 괴경의 성질로 보아 웬만한 건조지대가 아니면 기대하기 어려우며, 발상지인 멕시코의 고대 주거지에서는 출토되지 않고 있다. 출토되고 있는 곳은 페루 해안인 나스카 계곡의 카와치에서 리마 북쪽의 만콘에 이르는 지역이다. 거기에서는 마른 고구마의 뿌리가 출토되고 있으며 기원전 1000년경의 것이다. 그러나 이 지역에 있는 기원전 2500년 경의 농경지역 촌락유적에서는 출토되지 않는다. 페루 북부해안의 옛 도시인 모치카(기원전후)에서 고구마 모양의 토기가 출토되었으며, 리마 근교인 파차카마(아마도 기원 1000년경)에서 무명천에 고구마의 잎과 꽃, 뿌리 등을 채색하여 그린 것이 출토되었다.

그 후, 잉카시대의 부장품으로 출토된 토기에는 고구마 모양의 것이 있다. 고고학적 자료로 판단하여, 멕시코 기원설보다는 페루 기원설을 제안하는 사람도 있다. 그러나 멕시코는 옛날부터 옥수수가 있었으며 고구마는 주요 작물의 위치를 점하지 못하고, 오히려 상당히 일찍(아마도 기원전 2000년경) 페루까지 전파되어 중요한 재배식물이 되었다고 생각하는 편이 타당할 것이다. 이상의 모든 점으로 보면, 고구마는 적어도 기원전 3000년 이전에 멕시코 지역에서 재배되었다고 결론지을 수 있다.

남미대륙과 폴리네시아 동쪽 및 남쪽의 여러 섬 사이에 신대륙 발견 전에 직접적인 교류가 있었는지의 문제는 해결되지 않았지만, 구대륙에 전파된 기록에 의하면 콜럼버스는 1492년에 신대륙을 발견하였을 당시, 고구마를 스페인의 이사벨라 여왕에게 토산품으로 헌상하였다. 이것이 고구마가 유럽에 알려진 최초의 기록이다.

5. 목화

기원의 해명은 '대륙이동론'에 유력한 증거를 제공하였다.

목화의 모든 종은 아욱과 목화 속에 속하며 2배종과 4배종이 있다.

이미 서술한 바와 같이, 옷감의 원료로 중요한 위치를 점하며 현재 세계에서 널리 재배되고 있는 목화는 신대륙 기원의 4배성이다. 4배성 목화는 13쌍의 큰 염색체와 13쌍의 작은 염색체로 구성되어 있으며, 큰 염색체는 옛날부터 아시아에서 재배되고 있던 2배성 목화와 작은 염색체는 신대륙에 자생하는 2배성 목화와 각각 동형이라는 것이 판명되었다. 따라서 2배성인 아시아 목화와 신대륙의 목화가 교잡되고, 계속하여 염색체 수의 배가가 일어나 4배성 목화가 생겨났다고 추정된다. 게놈의 분석결과는 이 추정을 증명하였다.

즉 2배종인 아시아 목화는 AA게놈, 역시 2배종인 아메리카 목화는 DD게놈, 4배종인 목화는 AADD게놈이다. 실제 비즐리(Beasley)와 할런(Harland)은 1940년에 동시에 인위적으로 이들 2배종을 교잡하여 잡종을 만들고, 염색체를 배가하여 4배종의 합성에 성공하고 기존의 4배성 목화와 교잡시켰다. 이 잡종의 성숙분열은 세포학적으로 정상이어서 이들 2배종이 4배종의 선조종임을 실증하였다. 그러나 A게놈을 가지는 종에는 두 가지가 있으며, 또 D게놈은 북미에서 남미의 태평양연안에 걸쳐 10종 이상이 자생하고 있다. 따라서 게놈분석으로는 어느 종이 기원에 관여하였는지 그것을 결정하는 것은 불가능하였다.

그 후, 미국의 필립스(Phillips)는 흥미 있는 방법을 이용하여 선조종을 결정하였다. 게놈분석으로는 같은 게놈인 것도 각각의 염색체에 좌위하는 유전자가 완전히 같다고는 말할 수 없다. 이 점에 착안하여 몇 개의 형질이 4배종 목화의 A게놈 및 D게놈 염색체의 상동염색체에 좌위하고 있는지 그 일치율을 조사하여 빈도가 가장 높은 것을 선조종이라 하였다. 예를 들면 어떤 형질에 관여하는 유전자가 4배종 목화의 D게놈 제1염색체에 좌위하고 있는 경우로, 2배종의 D게놈에서도 제1염색체에 좌위하고 있는가 하는 것을 조사하는 방법으로 많은 유전자에 대하여 일치하는 빈도가 높을수록, 그 2배종이 4배종의 기원에 관여했을 확률은 높다고 추정하게 된다.

이와 같은 분석결과는 A게놈이 유래한 2배종은 헤르바세움(G. Herbaceum)이며, D게놈이 유래한 2배종은 라이몬디(G. Raimondii)라는 결론에 도달하였다. 헤르바세움은 아시아에서 오래전부터 재배하던 목화이며, 아프리카 기원의 것으로 그 야생종은 아프리카 남부에 자생하고 있다. 한편, 라이몬디는 페루에서 자생하고 있다.

A게놈을 갖는 아프리카의 헤르바세움과 D게놈을 갖는 남미의 라이몬디가 교잡된 이유는 앞의 대륙이동론으로 설명한 바와 같다. 다시 한번 요약해 보면, 목화 속의 중심지는 아프리카이다. 대륙이 육지로 연결되어 있던 시대에 아프리카에서 각지로 전파되었고, A와 D게놈의 종도 현재의 남미에 분포하고 있었다. A게놈 종이 남미까지 분포해 있었다는 증거는, 아프리카와 남미대륙 간에 있는 케이프베르디 군도의 산토 자고 섬에 A게놈과 가까운 야생종이 분포해 있다는 것이다.

신대륙의 4배종 목화는 현재 2종이 알려져 있다. 그것은 육지면이라고 부르는 것으로 멕시코와 과테말라를 중심으로 하는 히르수툼(G. Hirsutum)과 페루면[이 목화는 그 후 서인도제도까지 전파되어 구대륙에 도입된 것이기 때문에 해도면(海島棉)이라고 알려져 있다]이라는 페루와 볼리비아를 중심으로 하는 바르바덴세(G. Barbaderase)이다. 구대륙의 재배 2배종이 1년생임에 반하여, 이 2종에는 1년생과 다년생이 존재한다. 필자도 페루나 볼리비아의 농가 정원이나 길가에서 교목 크기의 목화 나무를 자주 보았다.

다음으로 이 4배종은 같이 기원된 것인가 또는 별개로 기원된 것인가 하는 것이 문제이나, 세포유전학적 연구는 동일 기원임을 시사하였다. 즉, D게놈을 갖는 종에서 라이몬디를 선조종으로 결정한 것과 같은 방법으로, 페루면과 육지면에 대하여 북미에 분포하는 투르베리(G. Thurberi)와 남미에 분포하는 라이몬디를 각각 이용하였을 경우에 유전자가 좌위하는 염색체의 일치율을 비교하였다. 그 결과, 투르베리는 어느 4배종에 대해서도 선조종일 가능성이 나타나지 않았으나 라이몬디는 두 4배종에 대하여 선조종으로서의 일치율을 나타냈다. 이것은 라이몬디가 페루면과 육지면의 선조종일 가능성을 나타낸다. 따라서 라이몬디의 자생지인 페루에서 4배종이 기원되었다고 생각된다.

육지면의 야생종은 카리브해의 섬이나 멕시코의 유카탄반도 북부까지 상당히 많이 자생하지만, 페루면의 야생종은 오랫동안 발견되지 않았었다. 그러나 최근 매우 드물기는 하여도 페루면의 야생종이 에콰도르나 페루의 해안 및 갈라파고스섬에서 발견되었다. 따라서 페루(사람에 따라서는 브라질과 볼리비아의 국경 지대라고 한다)에서 4배성의 야생종이 기원되어 그 야생종이 멕시코까지 분포하고, 페루와 멕시코 두 지역에서 각각의 재배종인 페루면과 육지면이 별개로 성립되었다고 보는 것이 타당할 것이다.

신대륙의 야생 4배종이 일원적으로 기원되었다는 결론에 대하여 생화학 분야의 유력한 근거가 있다. 신대륙 2배종의 종자 단백질을 전기영동법으로 분석한 결과, 남미 북부의 카리브 해안을 경계로 이보다 북쪽인 북미에 분포하는 군과 남미 중앙부에 분포하는 군으로 분명히 대별된다. 이것은 아프리카 북부에서 남미의 북부를 통하여 전파된 경로와 아프리카 남부에서 남미의 중앙부(아마도 브라질과 볼리비아)를 거쳐 페루에 전파된 두 개의 도입경로를 시사한다. 따라서 페루면과 육지면이 별개로 기원되었다고 한다면, 필립스의 방법에 의한 유전자가 좌위하는 염색체의 일치율이 같을 수는 없는 것이다. 양자 사이에 일치율의 차이가 없다는 것은 페루에서 일원적으로 기원되었다는 것을 의미한다.

고고학적 자료에 의하면, 기원전 5800년의 멕시코 동굴에서 육지면의 삭과가 발굴되었으며, 그것은 분명히 재배종이라고 한다. 페루 해안에서는 기원전 2500년을 경계로 목화에 관한 자료가 다수 발굴되고 있다. 그것으로 보아 페루 해안의 초기 농경의 발달과정은 면이전(棉以前)과 면이후(棉以後)로 두 시기가 나누어질 정도이다. 이와 같은 고고학적 자료는 별도로 기원되었다는 것을 시사하는 것이며, 또 육지면의 야생종이 풍부하다는 것 등으로 별개의 선조종에서 기원되었다는 설을 말하는 사람도 있다.

그러나 생물학적 연구의 결과로 보아 전술한 것과 같이, 오히려 고고학적 자료도 4배종인 동일 야생종으로부터 각각의 지역에서 별도로 재배화된 사실을 잘 설명하고 있다고도 생각할 수 있다. 페루보다 오랜 농경문화를 갖는 멕시코에서 목화의 재배화를 나타내는 자료가 이른 시대에 발굴되고 있는 것은 당연할 것이다.

한편, 직물이 처음 출현한 시기는 정확히 알려져 있지 않으나 구대륙에서 가장 오래된 직물은 A게놈을 갖는 또 하나의 재배종인 아르보레움(G. Arboreum)의 섬유로 짜인 것으로, 고대 인도의 인더스 계곡인 모헨조다로 유적에서 발굴된 기원전 2500년의 것이며 은으로 된 화병을 싸고 있었다. 신대륙에서는 페루 북부해안의 와카 프리에타 유적에서 발굴된 것으로 기원전 2500년의 것이며, 나비 모양의 직물인 레이스 조각이었다. 이로 미루어 보면 4500년 전에 고대 인도인이나 페루의 인디오는 목화로 직물을 짜는 기술을 별도로 발달시켰다고 보아도 좋을 것이다.

그러나 콜럼버스가 신대륙을 발견하기 전 양 대륙 간에 교류가 있었다고 주장하는 사람들은 이 직물 출현의 동시성을 그 증거로 들고 있다. 목화는 삭과라는 과실 속에 종자가 들어 있으며 종피에 섬유가 나 있다. 이 섬유가 종자의 전파 역할을 한다고 생각한다. 야생종은 섬유가 짧지만 인간이 이 섬유에 착안하여 직물을 만들 목적으로 섬유가 긴 것을 재배과정에서 선발하였다고 보아도 좋을 것이다. 면섬유는 건조시키면 꼬이는 성질이 있어, 이 면섬유로 실을 만들었다는 것은 쉽게 상상할 수 있다. 신구대륙에서 면섬유를 사용한 직물은 적어도 기원전 2500년경으로 같은 연대에 시작된 것이 된다.

신대륙 발견 후 구대륙의 2배종인 아시아 목화보다 섬유가 긴 4배종인 신대륙 목화가 도입되어 아시아 목화는 점점 쇠퇴하게 되었다. 육지면의 섬유는 페루면보다 약간 짧지만, 온대로부터 한대에 걸쳐 적응성이 있기 때문에 북미와 러시아를 비롯한 아시아에서는 아시아면과 대치되어 중국의 북부 및 만주 등 대생산지가 형성되었다. 건조에 적응성을 갖는 페루면은 서아프리카에 도입되어 그 후 수단이나 이집트에서 아시아면과 대치되어 이집트면이나 수단면으로 대생산지를 확립하였다. 아시아면은 다습한 기후에 적응력이 있기 때문에 현재도 저위도인 인도 등 아시아의 남부지역에서 재배되고 있다.

6. 담배

폐습이라 일컫는 흡연을 인간에게 가르쳐 준 담배는 신대륙의 종교의식에서 발단되었다.

담배는 현재 흡연하지 않는 나라가 없을 정도로 전 세계에 보급되었는데, 신대륙 발견 후에 보급된 것이다.

앞에서 이미 서술한 바와 같이, 담배 속은 약 70종이나 되는 많은 종을 포함하고 있으며 형태적으로도 여러 가지가 있다. 담배 속은 식물지리적 분포로 보아 아메리카 종과 오스트레일리아 종으로 대별되며, 아메리카 종은 염색체수로 보아 두 가지로 나뉜다. 12개의 염색체를 기본수로 하는 2배종 및 4배종군과 9개의 염색체를 기본수로 하는 2배종 및 이 2배종에 1개

의 염색체가 첨가된 10개의 염색체를 갖는 이수성 2배종이 있
다. 오스트레일리아군에는 16, 18, 20, 23 및 24를 기본수로
하는 이수성 2배종과 일부의 4배종이 있으며, 그 염색체의 구
성도 복잡하여 여러 가지 서로 다른 게놈형을 가진 2배종과 각
각의 이질 4배종 그리고 극히 일부의 동질 4배종도 있다.

담배 속 중에서 재배되고 있는 종은 재배담배(Nicotiana Tabacum)
와 루스티카(N. Rustica) 등 2종이다. 루스티카 담배는 옛날 멕
시코를 중심으로 상당히 많이 재배되었으나, 현재는 니코틴 채
취용으로 재배되고 있을 뿐이다. 재배담배의 꽃은 분홍색이나
루스티카 담배의 꽃은 노란색이다.

신대륙을 발견했을 당시 신대륙에서는 이미 널리 재배되고
있었으며, 담배를 피우는 습관이 있었기 때문에 그 발상지는
오랫동안 알려지지 않았다.

1) 선조종은 어느 것인가?

클라우젠(Clausen)은 세포유전학적 방법으로 담배 속을 연구
하여 1928년의 국제유전학회에서 재배담배는 실베스트리스(N.
Sylvestris)와 토멘토사(N. Tomentosa)와의 자연교잡이 생기고
계속하여 일어난 염색체배가에 의하여 기원된 4배종이라는 가
설을 제안하였다. 이 학회에서 브리거(Brieger)는 두 선조종으로
부터의 형질유전은 재배담배의 형질을 나타내지 않는다고 하여
클라우젠의 가설에 반대하였다.

그러나 10년 뒤 코스토프(Kostoff)는 클라우젠의 가설이 옳다
는 것을 입증하였다. 코스토프는 토멘토사와 완전히 같은 게놈
을 가진 토멘토시포르미스(Tomentosiformis)와 실베스트리스를

교잡하여 잡종을 만들었으며, 그 잡종식물은 토멘토사를 이용하였을 경우보다 재배담배에 흡사한 것을 보고, 재배담배에 실베스트리스와 토멘토시포르미스의 교잡으로 만든 잡종식물의 화분을 수분시켰다. 그 결과 얻어진 식물은 정상인 염색체대합과 완전한 종자임성을 나타냈다. 이와 같이 재배담배는 실베스트리스와 토멘토시포르미스의 잡종에서 기원되었음을 입증하였다. 또, 그는 실베스트리스와 토멘토시포르미스의 잡종식물을 고온에서 관수를 최소한으로 제한한 건조 조건에 놓아두면 비환원성 배우자가 쉽게 생긴다는 것을 관찰하였다.

재배담배의 기원은 그 후 그린리프(Greenleaf)에 의해서도 실증되었으며, 그 기원은 완전히 해명되었다. 토멘토사보다 토멘토시포르미스가 선조종일 가능성이 높다는 것은 생화학적 연구방법으로도 명백히 구명되었다. 최근 신(Sheen)은 전기영동법에 의한 아이소자임 분석으로 실베스트리스와 토멘토시포르미스의 교잡으로 만든 잡종식물의 밴드형이 실베스트리스와 토멘토사의 교잡으로 만든 잡종식물의 밴드형보다 재배담배의 밴드형에 더 가까움을 관찰하였다.

그러나 토멘토사와 게놈이 같고 형태적으로도 토멘토사와 매우 흡사한 오토포라(N. Otophora)라는 종이 알려져 토멘토시포르미스는 토멘토사와 오토포라의 잡종자손에서 성립되었다고도 한다. 이것은 사용하는 계통에 따라서는 그 결과가 다를 수도 있다고 생각되기도 한다. 또 실베스트리스와 토멘토시포르미스의 자연교잡에서 어느 것이 화분친으로 이용되었는가 하는 문제도 최근에 개발된 새로운 방법으로 세포질의 연구에서 해명되었다.

1974년 그레이(Gray)는 재배담배와 두 선조종, 정역교잡 조합의 잡종에 대한 생화학적 연구로 재배담배의 기원은 실베스트리스에 토멘토시포르미스의 화분이 수분된 것이라고 하였다.

1943년 코스토프의 게놈분석으로 또 하나의 재배종인 루스티카 담배는 우선 야생 2배종인 파니쿨라타(N. Paniculata)와 운둘라타(Undulata)의 잡종이 생겼으며 그 후 염색체의 배가로 생긴 식물에서 기원된 4배종이라고 추정하고, 이들 선조종을 이용하여 인위적으로 합성 4배종을 만들어 내어 그 기원이 증명되기에 이르렀다.

2) 어디에서

미국의 담배연구 권위자인 굿스피드(Goodspeed)는 신대륙을 여러 번 답사하여 담배 속의 분류와 분포를 밝혔으며, 1954년에는 담배 속의 모든 분야에 걸친 연구를 종합하여 『담배 속』이라는 저서를 출판하였다. 또, 미국은 중앙안데스 지대를 탐색하여 수집한 것을 가지고 품종개량의 금자탑을 세운 입고병에 저항성인 〈옥스퍼드 26〉을 육성하는 데 성공하였다. 그의 조사로 담배 속의 분포는 명료하게 되었다.

재배담배의 선조종인 실베스트리스는 볼리비아의 남부 국경지대로부터 아르헨티나의 북서부에 걸쳐 있는 안데스의 동쪽 표고가 500~1,600m인 산기슭의 좁은 지역에 분포하며, 토멘토시포르미스는 볼리비아 라파스 지방의 표고가 1,500~1,600m인 좁은 지역에 자생한다. 그러나 토멘토사는 페루 중부에서 볼리비아 서부의 표고가 1,000~3,400m인 지역에 자생하며, 또 오토포라는 볼리비아 중앙부에서 남부를 거쳐 아르헨티나 북부의 표

고가 500~1,600m인 지역에 자생하고 있다. 따라서 이들 선조
종의 공통 자생지인 볼리비아와 아르헨티나의 국경지역이 재배
담배의 발상지라고 추정된다. 다만, 재배담배의 야생종은 여러
번에 걸친 미국의 탐색에도 불구하고 확인되지 않았다.

 필자도 볼리비아 남부의 타리하 시장에서 그 야생종이 이 부
근에 자생하고 있다는 정보를 얻었으나 확인할 수가 없었다.
그러나 1968년 1차조사 때 담배전문가로 참가한 일본전매공사
의 가와카미(川上嘉通)에 의하면, 볼리비아 남부에서 수집한 토
멘토사 계통을 실베스트리스와 교잡하면 거기서 생긴 잡종식물
은 종래의 기존 계통을 이용한 경우보다 재배담배에 더 흡사하
다고 한다. 또한, 토멘토사 부류는 페루나 볼리비아의 표고가
1,500~3,400m인 지역에 자생한다. 특히, 페루에는 토멘토사
가 다른 야생종에 비하여 가장 많이 자생하며, 잎의 모양이나
꽃의 색깔 등에 있어 그 변이가 다양하다. 페루의 수도 리마에
서 동쪽으로 280㎞에 있는 안데스산맥을 넘어 타루마 마을을
더 내려가 약간 습윤한 몬타니 아월류 지대라고 생각되는 지점
에서 키가 3~4m에 달하는 큰 나무와 흡사한 토멘토사의 커다
란 군생지가 발견되었다. 중앙안데스 지대에서는 종류에 따라
다년생이 되며 큰 나무와 흡사한 모양으로 자생한다.

 한편, 실베스트리스는 자생지라고 생각되는 볼리비아 남부로
부터 아르헨티나 북부까지를 탐색하였으나 전혀 자생하고 있지
않았다. 그 지역에는 다른 곳에서 보이지 않았던 롱기플로라(N.
Longiflora)가 실베스트리스와 대치된 듯 많이 자생하고 있었
다. 실베스트리스는 이미 이 지역에서 소멸된 것인지 아니면
다른 지역에 자생하고 있는지 알 수 없으나 이 문제는 발상지

〈그림 53〉 현재도 자생하는 재배담배 선조종의 하나인 실베스트리스
(페루 안데스의 아야쿠초 부근)

에 관계되는 중요한 문제이다.

공교롭게도 페루의 중앙안데스에 있는 잉카문명의 중심지인 쿠스코에서 강을 따라 4,500m의 고개를 넘고 넘는 사이에 아야쿠초 마을 앞에서 실베스트리스가 자생하고 있는 것을 발견하였다. 이 부근은 토멘토사 부류도 풍부하게 자생하는 지역이었다. 발견한 곳이 잉카문명의 중심지였던 것을 생각하면 재배담배의 발상지에 대한 흥미 있는 문제이다.

그것은 차후로 미루고 재배담배의 발상지는 확실히 중앙안데스의 산악 지대이며 그것도 표고가 1,000m 이상인 지대이다. 남미가 기원인 것을 상상하면 재배담배는 열대작물로 생각되나 꼭 그런 것은 아니다.

루스티카 담배의 발상지는 일반적으로 멕시코라고 하나 선조

〈그림 54〉 루스티카 담배의 야생 선조종의 하나인 운둘라타(N. Undulata).
표고 4,000m의 볼리비아 알티플라노의 자생지

종의 자생지는 완전히 그 가능성을 부정하고 있다. 파니쿨라타
는 페루와 볼리비아의 중앙안데스 서쪽 산록 지대인 표고가
300~3,000m인 건조 지대에 자생하고 있다.

한편, 운둘라타는 페루 북부에서 볼리비아를 경유하여 아르
헨티나 북서부 안데스의 표고가 3,000~4,200m인 한랭한 건조
지대에 자생한다. 그것은 모두 일년생이며 키는 별로 크지 않
아 30㎝ 정도이다. 이것은 담배의 야생종 중에서 가장 표고가
높은 곳에 자생하며, 길가나 집옆의 잡초로 많이 볼 수 있다.
필자도 볼리비아 알티플라노(표고 4,000m)에 있는 라파스에서
오루로에 이르는 길가에서 수십 ㎞나 연속된 자생지를 종종 발
견하였다. 더구나 생장이 빠른 것에 놀랐다. 일반적으로 담배는
양귀비 종자와 같이 작은 종자이면서 발아 후의 생장이 매우

〈그림 55〉 볼리비아 알티플라노의 노천시장에서 코카잎을 팔고 있는 인디오

빠른 것으로 알려져 있는데, 한 달 전에 지났을 때는 눈에 보이지 않았던 운둘라타가 지표면을 가득히 메우며 개화하고 있었다.

두 선조종으로 보아, 루스티카 담배의 발상지는 페루와 볼리비아의 중앙안데스 지대의 서쪽인 태평양 쪽으로 추정된다. 재배담배의 발상지는 중앙안데스의 동쪽이라고 하니까 기이하게도 안데스산맥의 양쪽에서 재배담배의 야생종이 성립한 것이 된다. 루스티카 담배의 야생종은 에콰도르 남서부의 표고가 2,300~2,800m인 안데스고원이나, 페루 남부와 볼리비아의 국경 지대인 안데스 서쪽의 표고가 2,000~3,600m인 건조 지대에 자생하고 있다.

재배담배보다 루스티카 담배가 먼저 성립되어 북쪽인 멕시코, 미국의 서남부, 동부, 북동부 더구나 캐나다의 남부까지 상당히 일찍 전파되고 그 후 품질이 좋은 재배담배가 기원되었다. 루스티카 담배의 선조종은 재배담배의 선조종보다 건조 지대에 적응성이 강하며, 특히 선조종의 하나인 운둘라타는 내한성을 가지고 있기 때문에 루스티카 담배는 한랭한 기후에 적응성이 있다. 따라서, 품종개량이 진척되지 않았던 시대의 멕시코에서는 루스티카 담배가 널리 재배되어 2차적인 중심지를 형성하고 있다.

3) 언제쯤 널리 퍼졌을까?

신대륙의 발견 당시에는 흡연하는 풍습이 상당히 광범위하게 행해지고 있었다. 북미대륙의 북부와 남미대륙의 남단을 제외한 90% 이상의 지역에 사는 인디오는 모두 담배를 재배하였으며 흡연하는 풍습이 있었다.

콜럼버스는 1492년 10월 12일 아침, 서인도제도 동쪽 한 작은 섬에 상륙하였으며, 원주민으로부터 건조시킨 담뱃잎을 선물로 받았다고 한다. 이 일은 원주민이 중요시하는 것의 하나였음을 의미하는 것이다. 그 후, 콜럼버스는 쿠바에서도 흡연하는 풍습이 있음을 알았다.

담배의 발상지인 중앙안데스 지대를 방문하고 불가사의하게 생각한 것은 발상지이면서도 이 지역의 인디오에게는 담배를 흡연하는 풍습이 전혀 없다는 것이다. 그 대신 말린 코카잎을 석회와 함께 입에 넣고 씹는 풍습이 있다. 코카는 안데스 동쪽 윤가 지역의 험한 계곡에 자생하는 아주 작은 관목이며 다량의 코카인을 함유하고 있다. 지금은 안데스 동쪽 경사면의 윤가 지대에서 산록에 걸쳐 큰 면적에서 계단식으로 재배되며 때로는 150㎝나 자란다. 이 잎을 손으로 따서 말린다. 코카잎을 말리는 장소를 지나가면 이상한 냄새에 압도된다.

고원지대의 인디오는 저지대에서 운반되어 오는 코카를 사기 위해 아침 일찍부터 줄을 설 정도이다. 코카를 넣은 작은 자루를 옆구리에 차고, 코카잎을 손으로 비벼 거친 녹색분말을 입에 넣어 침으로 반죽하여 둥글게 하며 때때로 석회로 중화시키면서 이리저리 양쪽 볼로 옮기며 계속 씹는다. 때문에 원숭이처럼 볼이 볼록한 인디오를 자주 볼 수가 있다. 코카를 씹으면, 알칼로이드 성분 때문에 흥분 상태가 되며 배고픈 것도 잊고 일할 의욕이 생겨 중노동에 견딜 수 있다고 한다. 그러나 상용자는 코카가 없으면 무기력한 상태가 된다.

잉카시대의 발굴물에도 흡연도구는 전혀 보이지 않는다. 기원전 500년 전후에 페루의 북부 해안 지대에 번창했던 모치카시대부터 코카를 씹는 풍습이 행해져 왔다고 한다. 그러나 중앙안데스의 주변지역에서는 표주박으로 만든 파이프가 발굴되었다. 또, 루스티카 담배의 발상지로 추정되는 페루의 남부지역에 살고 있는 부족은 나무를 파서 만든 커다란 파이프를 사용하고 있다. 그 주변지역의 부족은 지금도 담배를 이용하는 방법이 다양하며 엽권초로 흡연하는 것 외에 잎을 태워 냄새를 맡든가, 잎을 끓여 마시는 등의 풍습이 행해지고 있다. 필자는 잉카문명에 앞서 중앙안데스고원에 출현한 기원전후~500년경의 티아우아나코 문화유적의 발굴물 중에서 동물의 뼈로 만든 담뱃대라고 생각되는 것을 발견하였다.

담배의 호칭은 만국이 공통이며 구대륙에 담배를 도입한 창구였던 스페인어의 'tabaco'에서 유래하였다는 것은 의문의 여지가 없다. 서인도제도의 담뱃잎 또는 흡연도구의 호칭이었다고도 하나 분명치 않다. 중남미에는 부족에 따라 독자적인 호칭이 있으며, 잉카제국의 케추아어로는 'camasaire'라고 부른다. 일반적으로 독자적인 호칭을 갖는다는 것은 그들 지역에서 다원적으로 기원되었다고 생각할 수 있다. 이 경우 담배는 기호식물이며 완전한 재배식물이 아니었던 점에서 전파과정에서도 호칭의 필요성이 없고, 또 야생종이 옛날부터 널리 분포해 있던 지역의 사람들은 야생종에 대해서도 이미 독자적인 호칭을 가지고 있어 각각의 호칭을 사용하고 있다고 생각하는 것이 타당할 것이다.

이상으로 보아, 옛날(기원전 1000년 이전)에는 담배를 이용하였으나 외과수술의 마취용으로 코카잎을 태우게 되면서부터 코카의 매력에 끌려 코카를 씹게 되었으며 드디어는 담배를 추방하게 되었다고 생각된다. 재배담배는 코카 이전에 성립하였다고 보아도 좋을 것이다. 중앙안데스 지대에서는 어떤 벽지에 가도 야생종으로 대용하는 경우는 없다. 또, 이보다 먼저 루스티카 담배가 기원되었다. 그 이유는, 향기가 좋지 않은 루스티카 담배가 재배담배보다 뒤에 성립되었다고 한다면 멕시코에서는 재배되지 않았음에 틀림없다.

여기서 염려되는 것은 담배를 처음부터 흡연했을까 하는 것이다. 발상지로서는 흡연도구가 너무도 빈약하다. 앞에서 서술한 바와 같이, 담배를 씹는 풍습이 있다는 것과 뒤에 들어온 코카를 씹는 풍습으로 생각해 볼 때, 최초의 발단은 씹는 것에서 시작되었다고 생각하는 것이 옳을지도 모른다.

코카잎의 혜택이 없는 멕시코 지역에서는 그 모양이 달랐다.

유카탄반도에서는 기원 70년경에 마야문명이 번창하여 팔렝케에 웅장한 석조 신전을 건축하였다. 신전의 벽에는 여러 가지 조각이 보이며, 신관이 흡연하고 있는 그림이 있다. 이것을 보면 흡연은 종교적 의미를 가지고 있으며 이 시대에는 이미 흡연하는 풍습이 있었던 것을 알 수 있다. 그러나 거기에 보이는 것은 담뱃대와 흡사한 것이 아니고 담배물부리와 흡사한 형태였다. 그 이전에 담배물부리와 흡사한 것은 이미 중앙안데스에 존재하였으며, 남미로부터 담배와 함께 전파되었다고 보아도 좋을 것이다.

구대륙에서 담배 흡연의 역사는 분명히 신대륙의 발견 이후이나, 구대륙에 흡연풍습이 전혀 없었다고 하는 데는 의문이 있다. 담뱃대 등은 근동의 특유한 것으로 옛날부터 있었다는 것은 확실하다. 그 외, 풀잎을 태워 연기를 맡든가 하는 행동은 인간의 공통된 것으로 생각되나, 적어도 파이프나 담배물부리와 같은 흡연도구는 존재하지 않는다. 이 사실은 신대륙 발견 전에는 오랫동안 신구대륙 사이에 인간의 교류가 없었다는 하나의 유력한 증거가 된다.

구대륙에는 신대륙의 다른 재배식물과 함께 1530년경 스페인에 담배가 도입되었으며 전파도 같은 과정을 밟았다. 일본에는 1600년경에 포르투갈인에 의하여 도입되었다고 한다.

7. 과채류

1) 가지과식물

가지과식물의 분포는 극히 소수가 온대기원이고 대부분은 열대기원이다. 지금 전 세계에 전파되어 있는 수는 75속 이상 2,000종이 넘는다. 구대륙의 유용한 재배식물은 인도 기원의 가지가 유일한 것이며 신대륙에서 많이 성립하였다. 감자, 담배, 고추, 토마토 외, 구대륙에는 알려지지 않은 식용꽈리는 멕시코에서 남미에 걸쳐 보편적인 식용작물이다. 가지과식물은 완전히 성숙한 것을 식용한다기보다는 미숙한 것부터 성숙한 것까지 언제든지 이용할 수 있다는 데 큰 특징이 있다.

일반적으로 구대륙의 재배식물 대부분은 완숙한 것이 이용되고 있으나, 신대륙의 것은 옥수수, 고추, 호박을 비롯하여 미숙한 것부터 완숙한 것까지 언제나 이용할 수 있다는 커다란 차이가 있다. 많은 화분을 방출하는 옥수수를 최초로 이용한 것은 화분에 함유되어 있는 기름을 이용하기 위하여 시작되었다고 한다.

결과적으로는 구대륙의 양배추나 그 밖의 채소와 같은 녹색채소가 부족한 신대륙의 사람들은 녹색채소의 대용으로 미숙된 것을 식용하여 부족한 녹색식품을 보충하고 있었다. 또, 구대륙은 채소처럼 미숙된 것을 식용하는 방법과 맥류와 같이 완숙된 종자를 식용하는 방법으로 별개의 재배식물을 이용하는 체계가 일찍부터 성립되었으나, 신대륙에서는 같은 작물을 두 가지의 목적에 이용하고 있었다는 것이 특징이다. 그 대표적인 것은 고추이다.

〈고추〉

주요 식량은 아니나 요리에 없어서는 안 되는 향신료

고추는 비타민 C의 공급원으로 중요한 식용작물임과 동시에 생산성이 높은 향신료로서도 중요한 작물이다. 고추 속에는 약 20종이 있으며, 이들 모두는 신대륙에 자생한다. 그 가운데 4종은 재배종이고 그 밖의 것은 야생종이다. 종래의 연구자는 모든 재배종이 같은 이형(異型)의 변이를 가지고 있기 때문에 1종 내지는 2종에 포함시켰으나, 최근의 연구자는 꽃의 형질에 분명한 차이가 있다고 하여 4종으로 분류하였다.

야생종 중에는 잡초형인 것도 있다. 또, 야생형과 잡초형의 몇 종은 현재도 남미의 원주민이 빈번히 채집하여 많은 양이 시장에 출하되고 있다. 그 대부분은 산초종자 크기의 작은 것으로 모두가 신미종(辛味種)이다. 4종의 재배종은 현재 멕시코, 중미, 남미지역에 널리 재배되고 있으며 원래는 각각 다른 지역에 한정되어 재배되고 있었던 것이다.

이 지역의 고추 이용은 대단하며 시장에서 고추가 점하는 비율은 상상도 못할 정도이다. 산더미처럼 쌓인 건조시킨 고추를 보면 어떻게 그 많은 것을 소비할 수 있을까 하고 생각될 정도이며, 농촌시장일수록 그 비중은 크다. 재배종뿐만이 아니라 야생종까지 이용한다는 것은 이 지역의 식생활에서 고추가 얼마나 중요한가를 말해주고 있다. 이 지역은 주로 녹말이 많은 곡류나 근재류에 식생활을 의존하고 있기 때문에, 고추는 식생활의 단조로움을 보충하는 중요한 역할과 아마존과 같은 열대나 안데스와 같은 한대에서 생활하는 주민들의 혹독한 더위나 극심한 추위에 견딜 수 있는 에너지원이 되고 있다.

세계 각국에서 널리 재배하고 있는 모든 고추는 안눔(Capsicum Annuum Var. Annuum)이라는 종에 속한다. 다른 3종은 식용으로는 구대륙에 도입되지 않았다. 이 점을 생각하면 우리는 극히 일부의 고추를 이용하고 있음에 지나지 않는다. 특히, 재배하는 안눔은 변이가 풍부하며 일본에서도 흔히 볼 수 있는 것과 같이 피망처럼 큰 것, 가늘고 긴 것, 아주 작은 것 또 달콤한 것부터 지독하게 매운 것까지 모양이나 맛에 있어 아주 다양하다. 매운맛의 정체는 캡사이신이라는 휘발성의 페놀 화합물이고, 이 물질은 하나의 유전자에 지배되며 단맛은 이 종만이 가지고 있다.

재배 안눔의 중심지는 멕시코 남부에서 콜롬비아 북부에 이르는 지역이며, 남미까지 널리 재배하게 된 것은 스페인의 정복 이후로 구대륙에 전파된 시기와 별 차이가 없다. 그 선조종은 안눔의 야생형인 미니멈(Minimum)이다. 또한, 모든 야생종처럼 직립한 상향(上向)의 작은 열매가 달리며 여물면 저절로 떨어진다.

고추열매가 늘어져 하향으로 착과하는 것은 재배형이며, 직립하여 상향으로 착과하는 것은 야생형이다. 상향의 것은 하향의 것보다 조류의 피해를 받을 기회가 더 많다. 따라서 야생종의 전파는 주로 조류에 의한 것이라고 말할 수 있다.

야생 미니멈은 미국의 플로리다와 애리조나에서 멕시코와 콜롬비아에 이르기까지 널리 분포하여 재배종의 중심지보다 널리 분포한다. 이 야생종은 진정한 야생지 외에 가끔 길가나 주거지 가까이에 잡초로 자생한다.

고고학적 자료에 의하면, 안눔의 최초 출토는 멕시코 중부의

〈그림 56〉 잉카시대의 출토품에 나타난 고추. 왼쪽은 로코토이다
(페루 리마의 天野박물관 소장)

테와칸 계곡으로 기원전 6500~5000년의 지층에서 출토되었
다. 출토품은 모두 탈락성인 것이었으나 열매와 종자의 크기로
보아 원시적인 재배형으로 생각하고 있다. 이 출토로 오랜 옛
날부터 안늄의 재배화가 시작되었다는 것이 추정되었다. 녹말
성 음식의 단조로움과 단백질 음식으로 들짐승의 냄새나는 고
기에 식생활을 의존한 원주민에게 향신료로서 더구나 방부제처
럼 이용된 고추는 채집생활시대부터 없어서는 안 될 식물이었
다고 생각된다.
　재배 안늄의 선조종은 미니멈이며, 그 발상지가 멕시코인 증
거는 지리적 분포 외에 세포유전학적 연구에서도 판명되었다.
재배 안늄의 핵형을 조사한 결과, 멕시코에서는 다른 지역보다
여러 가지 핵형이 보이며 특히 다른 지역에서는 보이지 않는
특수한 핵형이 멕시코에 분포하는 야생 미니멈에서 보이기 때

문에 멕시코가 그 발상지라고 생각하여도 좋을 것이다.

약간 남하하면 치넨스(C. Chinense)라는 재배종이 있다. 치넨스는 서인도제도, 남미의 북부, 페루, 볼리비아, 아마존강 상류와 해안인 저지대에서 재배되고 있다. 그 선조종은 가장 근연이라고 생각되는 반재배형(잡초형)인 프루테센스(C. Frutescens)이다. 이것의 분포는 재배종의 분포와 완전히 일치하며 재배종의 수반식물이다. 이것의 작은 열매는 빈번히 채집되어 시장에 출하되며 향신료로서 이용되고 있다. 타바스코 소스에 넣는 고추는 이 종을 북미에서 재배종으로 개량한 것이며, 남미에서는 재배되고 있지 않다.

더 남하하면 펜둘룸(C. Baccatum Var. Pendulum)이라는 페루와 볼리비아를 중심으로 하는 재배종이 있다. 치넨스의 재배보다 약간 높은 안데스 산록 지대이다. 현재 북쪽은 에콰도르, 남쪽은 아르헨티나의 북부, 동쪽은 브라질 동남부까지 재배되고 있다. 페루와 볼리비아의 일부에서는 치넨스와 펜둘룸 두 종 모두가 재배되고 있다. 펜둘룸의 선조종은 박카툼(Var. Baccatum)이다. 이 선조종은 잡초이며 페루의 남부, 볼리비아, 브라질의 남부에 한정되어 분포한다.

고고학적 자료도 페루의 해안 지대에서 두 종 모두 발굴되고 있다. 중앙안데스 지대의 초기 농경시대(기원전 2800~1800년)의 유적은 거의 해안에 분포해 있으며 그 대표적 유적인 북부해안의 와카 프리에타에서는 기원전 2000년의 지층에서, 또 푼타 그란데에서는 기원전 1800년의 지층에서 재배종인 펜둘룸이라고 생각되는 열매와 종자가 출토되었다. 또한, 중앙해안인 안콘의 유적에서는 기원전 2500년경의 지층에서 치넨스가 출토되

〈그림 57〉 농가 마당 구석에 있는 관목의 로코토 고추
(안데스 윤가 지대, 표고 3,000m)

었다. 이와 같이 해안 지대에는 야생종의 출토가 없는 점으로
미루어 보아 해안 지대에 고추가 도입된 것은 기원전 2500년
이후이며, 기원전 2000년경에는 확실히 재배되고 있었다고 보
아도 좋을 것이다.

　푸베셴스(C. Pubescens)는 페루와 볼리비아의 중앙안데스 중
턱인 2,000m 전후의 윤가 지대에서 재배되고 있으며, 이 지역
의 고유한 재배종이다. 이것은 고추 중에서도 저온에 가장 강
한 재배종이다. 이 재배종은 지금까지 서술한 3종과는 많은 점
이 다른 독특한 것이다. 다른 3종은 꽃의 형질을 제외하고는
열매의 크기와 모양이 완전히 평행적인 변이를 보이고 있다.
열매의 형질에서 평행적인 관계가 보이지 않는 것은 안눔에서
보이는 열매가 큰 것 정도이다.

〈그림 58〉 페루 안데스의 인디오들의 시장. 로코토 고추 등 여러 가지 물건
들이 보인다

다른 종의 꽃색은 백색 또는 엷은 크림색이나 푸베센스의 꽃
은 자주색이고 잎은 두껍고 털이 많으며, 열매는 모두 크고 단
타원형뿐이다. 여물지 않았을 때는 농록색, 여물면 붉은색부터
오렌지색 또는 황색까지 아름다운 색깔이 되며, 과육이 두껍고
그 종자는 흑색이며 크다. 현지에서는 다년생이며 2m 정도의
관목이다. 이 종의 야생 선조종은 볼리비아의 저지대에 자생하
는 엑시미움(C. Eximium)이라고 한다. 이 고추는 큰 면적의 재
배가 아니고, 각 가정에서 몇 그루씩 심는 것이 고작이다. 종의
구별 없이 다른 3종의 고추를 남미에서는 아라와크어에서 유래
하는 아히(aji)라고 부르며, 멕시코와 중미에서는 나와톨어로 칠
레(chile)라고 부른다. 그러나 푸베센스만은 모든 지역에서 케추
아어인 로코토(roccoto)라 하여 다른 재배종과 구별되어 있다.

또 많은 책에서는 신미종을 칠레고추라 부르고 있으며, 그것은 국명인 칠레를 의미하는 것이나 칠레가 원산이라는 생각은 잘못이고 멕시코에서 스페인 사람이 최초로 도입 할 때, 칠레라는 멕시코 지역의 호칭에서 유래한 것이다.

중앙안데스 지대에서 로코토만은 건조시키지 않고 날것을 토마토와 함께 돌절구에 찧어 소스로 식탁 위에 놓고 모든 요리에 넣어 먹는다. 그 매운맛은 고추 중에서 가장 강렬하다. 매운맛인 캡사이신의 농도는 종자가 착생하는 부위가 가장 높아 특히 그 부위의 매운맛은 강렬하다. 로코토를 잘라 방에 놓아두는 것만으로도 강렬한 자극을 받기도 하고, 또 그것을 만진 손은 비누로 잘 닦아도 피부의 연한 부분에 접촉하면 자극을 받을 정도이다. 신대륙 발견 후에 도입되어 현재 아프리카에서 재배되고 있는 고추가 가장 맵다고 알려져 있으나 로코토가 더 강렬하다. 열대권 저지대에서 향신료가 필요한 것처럼 로코토는 안데스의 한랭한 지역에 사는 사람들에게는 없어서는 안 되는 식품이다. 이 로코토가 현재도 한정된 지역에서만 재배되고 있고 육종자료로 이용되지 않는 것은 재배의 적응 범위가 한정되어 있다는 것과 다른 고추와 교잡이 불가능하다는 것 때문이다.

이상에서와 같이, 네 가지 재배종이 각각 다른 지역에서 독립적으로 기원되었다는 다원설에 대하여 로코토를 제외한 다른 3종은 많은 형질에서 평행적인 변이가 보이기 때문에 한 종에서 일원적으로 기원되었다는 설도 있다. 일원설은 치넨스의 선조종인 프루테센스에서 3종의 재배종이 유래하였다는 설이나, 이들 사이의 교잡이 곤란하다는 점과 각각의 야생종으로 생각되는 종이 존재하기 때문에 반대하는 사람이 많다. 고추의 재

〈표 13〉 고추의 재배종과 선조종, 발상지

재배종	선조종	발상지
C. Annuum		
Var Annuum	Var Minimum	멕시코
C. Chinense	C. Frutescens	콜롬비아와 페루의 아마존강
		원류지역의 저지대
C. Baccatum		
Var Pendulum	Var Baccatum	페루남부와 볼리비아
C. Pubescens	C. Eximium	페루남부와 볼리비아북부
		안데스산악의 중턱 지대

배종과 선조종, 발상지를 〈표 13〉에 정리해 보았다.

현재 감미종은 야채로, 신미종은 풋고추와 건조시켜 널리 이용되고 있다.

1493년 콜럼버스는 고추를 가지고 그의 모국인 스페인으로 돌아왔다. 처음 도입된 것은 신미종이며, 도입 당시는 토마토처럼 약용식물 또는 관상식물로 이용하였다. 감미종이 도입되어 식용되기 시작한 것은 그 후의 일이다. 1550년경에는 유럽에서, 1600년대에는 포르투갈인에 의하여 인도나 동남아시아에서 널리 재배되기 시작하였다. 그래서 그때까지의 향신료 생산 지대는 이 생산성이 높은 고추로 대치되었으며, 현재도 널리 이용되고 있다. 1650년경에는 중국과 한국에 전파되었으며, 일본에는 포르투갈인에 의하여 1542년 또는 1605년 담배와 함께 도입되었다는 설이 있다. 현재 생산량이 가장 많은 나라는 인도와 멕시코이다.

〈토마토〉

지름 1㎝ 정도의 과실인 토마토는 그 고향인 페루에서 멀리 돌아 멕시코에서 수십 배나 큰 과실로 진화하였다.

재배 토마토의 기원에 대해서는 이미 앞에서 서술한 바와 같이 두 가지 설이 있다. 1884년 드캉돌을 비롯한 초기의 연구자는 페루에서 기원되어 스페인이 페루를 정복한 후(1535), 페루에서 유럽으로 도입되었다고 하였다. 그 증거로는 토마토의 처음 이름이 포미 데르 페루(Pomi der Peru) 또는 말라 페루비아나(Mala Peruviana)처럼 페루의 이름이 붙여진 것과 재배 토마토에 가까운 일련의 야생형이 이 지역에 분포해 있다는 것이다. 이 설은 오랫동안 지지되어 왔으며, 1948년 젠킨스에 의하여 또다시 멕시코 기원설이 제창되었다.

재배 토마토가 속하는 토마토 속은 6종으로 되어 있는 작은 군이며, 세포유전학적 입장에서 보아도 그 종들은 서로 가깝다는 것이 판명되었다. 그 분류와 지리적 분포를 〈표 14〉에 나타냈다. 녹색 과실군의 야생종 중, 갈라파고스섬에 분포하는 1종을 제외하고 나머지 3종의 분포는 에콰도르로부터 칠레의 북부에 이르는 폭 150㎞의 가늘고 긴 해안 지대에 한정되어 있고, 그 분포지역은 적도로부터 남위 30도의 협소한 지역이다. 적색 과실군은 모두 재배종이다.

핌피넬리폴리움(L. Pimpinellifolium)은 경제성이 없기 때문에 야생종처럼 협소한 지역에서 재배되고 있음에 지나지 않는다. 다른 하나는, 현재 세계적으로 널리 재배되고 있는 에스쿨렌툼(L. Esculentum)으로 이것에는 5개의 변종이 있으며, 그중 하나의 변종인 케라시포르메(Cerasiforme)는 재배형 외에 야생종도

212

〈표 14〉 토마토 속(Lecopersicum)의 분류와 지리적 분포

종명	형	분포지역
적색 과실군		
L. Esculentum	야생형	남미, 중미, 멕시코, 서인도제도
변종 Cerasiforme	재배형	
L. Pimpinellifolium	재배형	야생종의 전 지역
녹색 과실군		
L. Cheesmannii	야생형	갈라파고스
L. Peruvianum	야생형	에콰도르에서 칠레북부에 이르는 폭
L. Hirsutum	야생형	150km의 좁고 긴 해안도로
L. Glandulosum	야생형	(적도에서 남위 30도)

알려져 있다. 이 야생형과 재배형의 차이는 유전자 하나에 의한 것이다.

그렇다면 재배 토마토의 선조종은 분명히 야생형인 케라시포르메이다. 이 야생종은 과실이 작으며 과육은 두 개의 방실(房室)로 되어 있고, 재배형 가운데 큰 것이라도 지름 2.5㎝ 정도의 작은 과실이 달리는 가장 원시적인 재배형이다. 케라시포르메의 야생형은 토마토 속 야생종의 분포지역 외에 북쪽은 멕시코까지 분포하여 약간 넓게 분포하고 있다. 이와 같이 토마토 속의 중심은 페루이다. 페루 기원설을 주장하는 사람들은 이 지역에서 케라시포르메의 야생형을 재배하는 과정에서 재배형이 성립되었으며 그 후 남미로부터 멕시코까지 전파되었고, 또 케라시포르메의 야생형이 다른 야생종은 분포하지 않는 멕시코까지 분포하는 것은 재배형에서 이탈한 식물이 인간의 선발에

서 벗어나 선조종으로 회귀하려는 것으로 야생화된 것이라고 설명하였다.

멕시코 기원설을 주장하는 젠킨스는 다음과 같은 근거를 들고 있다. 멕시코에 분포하는 케라시포르메의 야생형과 재배형은 멕시코 남부로부터 중앙부인 동해연안의 저지대 특히, 베라크루스를 중심으로 풍부하게 자생 또는 재배하고 있다. 이 지방에서도 야생형이 채취되어 판매되고 있으며 재배형보다 맛이 좋다고 한다. 또 멕시코에 분포하는 케라시포르메의 재배형은 분명히 재배 토마토로 이행 중임을 나타내는 여러 가지 형이 있으며, 더욱이 현재 알려져 있는 과육 부분이 가장 많은 다방실이나 여러 형태의 과실, 모든 재배형의 과색 등 여러 가지 형태의 것들이 이 지역에서 관찰된다. 미국은 세계에서 토마토의 품종개량이 가장 앞선 나라이며 젠킨스는 베라크루스 지역을 조사한 결과, 미국에서 고생하며 육성한 것의 거의 전부를 이 지역에서 찾아볼 수 있었다고 말할 정도이다.

또, 케라시포르메에 대한 멕시코 지역의 호칭이 부족마다 다른 점으로 보아, 옛날부터 이 지방에 케라시포르메의 야생형과 재배형이 도입되어 이용되고 있었다고 생각된다. 또, 이 지역에서 현재의 재배형이 성립되었으며 고도로 진화한 것이 된다. 페루는 일단 재배형이 성립된 발상지라고 생각되나, 그것은 원시적인 재배형으로 야생종과 별 차이가 없었으며 완전한 재배 토마토는 멕시코에서 기원되었다고 할 수 있다.

이와 같이 이 지역에서 재배 토마토로 진화한 것은 나름대로의 이유가 있다. 케라시포르메의 야생종이 분포하는 지역 중에서, 멕시코의 중앙고원에서 동해안에 이르는 지역은 기원

1300년 이후부터 스페인에 정복될 때까지 번영하였던 아스테카 문화권이다. 특히, 베라크루스 계곡은 꽈리도 풍부하게 자생하여 식용으로도 이용하였으며, 꽈리의 재배화 과정에서 커다란 꽈리를 만들어 내기도 하였다.

한편, 유카탄반도에 번창했던 마야 문화권 사람들은 꽈리를 식용한 역사가 없다. 아스테카 사람들은 실제로 토마토와 흡사한 꽈리까지도 재배하고 있었기 때문에, 케라시포르메의 재배와 육성에 열중했었을 것으로 상상된다. 그 재배 토마토의 품종은 'tomatl'이라는 어미를 갖는 일련의 말로 불렸다. 'tomatl'이라는 말은 아스테카 사람들의 나와틀어이며, 꽈리 등 약간의 가지과식물에 대한 호칭이었다. 앞에 서술한 바와 같이, 이 지방에는 토마토와 모양이 흡사하며 큰 과실이 얇은 껍질에 싸인 꽈리가 이미 있었기 때문에 같은 호칭이 사용될 수 있었음을 상상할 수가 있다. 그리고 멕시코에서는 부족에 따라 케라시포르메의 호칭이 다른데도 재배 토마토는 나와틀어인 'tomatl'이라는 어원을 가지고 있다. 이것은 재배 토마토가 아스테카 문화권에서 일원적으로 성립하였음을 암시하는 것이다. 또 페루에는 토마토에 대한 호칭이 없다는 것과 옛날에는 여러 가지 모양의 재배 토마토가 없었다는 것 등으로 미루어 보아 토마토에 대한 적극적인 이용이 없었다는 것을 알 수 있다. 이상과 같이, 멕시코 동해안의 베라크루스를 중심으로 재배 토마토가 성립되었으며, 그 시기는 기원후로 결코 오래되지 않았다고 하겠다.

유럽에서 토마토에 대한 최초의 기록은 1544년의 논문이다. 1544년은 스페인이 페루를 정복한 9년 후이고, 멕시코를 정복하여 20년 이상이 경과하였다. 이때 페루는 투쟁 중으로 농경

자원을 돌볼 시기가 아니었다. 한편, 멕시코는 1544년 식민지
에 대한 부의 조직적인 개척이 이루어지고 있었으며 유럽과의
무역창구였던 베라크루스항에서 스페인과의 정기 항로가 개설
되어 있었기 때문에 1544년 이전에 멕시코로부터 스페인에 도
입되었을 것이다. 그러나 한 가지 의문은 그 당시 스페인에 토
마토의 기록이 없다는 것이다.

도도나우스(Dodonaeus)의 1544년 논문에 유럽 각국어의 표기
가 있다. 이것들은 이탈리아와 프랑스 어원을 가지고 있기 때문
에 스페인을 경유하여 동시에 이탈리아와 프랑스에 도입되고 각
각 독립적으로 이름을 붙였을 것이다. 당시의 식물학자는 이것을
진기한 약용식물로 취급하고 있었다. 1590년 아코스타(Acosta)에
의해 또다시 나와톨어인 'tomatl'에 유래하는 'tomate'가 적용
되어 17세기 이후 전 세계적으로 이 일련의 이름이 급속히 퍼져
나갔다. 드캉돌 등이 근거로 제시한 포미 데르 페루와 말라 페
루비아나는 실은 토마토를 가리키는 것이 아니고 옛날부터 프랑
스에서 흰독말풀에 사용되던 호칭이었다. 여기에 착오가 생긴 것
은 앙닐라라(Angnillara)로 포미 데르 페루와 리코페르시쿰을 동
의어로 보았기 때문이다. 리코페르시쿰은 후에 토마토 속의 이름
이 되었기 때문에 많은 연구자들이 페루 기원의 근거로 보았던
것이다.

유럽에 도입된 토마토는 특히 이탈리아에서 17세기경부터 채
소용과 가공용으로 급속히 발전하였다. 미국에는 오히려 유럽
에서 역수입되었다고 한다. 동양에는 포르투갈인에 의하여 17
세기에 도입되었다. 일본에는 18세기 초에 도입되었으며 메이
지(明治, 1868~1912) 시대 초에 재도입되면서 점차 발달하여 쇼

와(昭和, 1926~1989) 시대가 되어 급속한 진전이 있었다. 이와 같이 토마토는 근대의 식물(食物)로서 중요한 것이나, 그것을 이용한 연대는 가장 늦었다고 말할 수 있다.

2) 박과식물

박과식물은 양 대륙에 분포하며, 구대륙에서는 수박, 멜론, 오이, 표주박이 기원되었으며 신대륙에서는 호박이 기원되었다.

수박은 많은 야생종이 자생하는 아프리카 적도 양쪽의 열대지역에서 기원되었으며, 모든 야생종은 독특한 쓴맛을 가지고 있고 단맛이 있는 야생종은 존재하지 않기 때문에 수박의 선조종은 분명치 않다.

멜론의 많은 야생종도 아프리카의 열대 및 아열대에 자생하고 있다. 특히, 식용할 수 있는 야생종은 니제르강 주변지역과 기니아에 자생하고 있기 때문에 그것이 멜론의 선조종이며 거기에서 재배화되었다고 생각된다. 멜론은 인도, 페르시아, 남부 러시아, 중국으로 전파되었고 독특한 형이 성립되었다. 특히 인도에서는 참외형이 성립하여 아시아의 여러 나라에 일찍부터 전파되었다.

오이는 인도 기원이며 히말라야 남부의 산록 지대에 자생하는 종류가 선조종이라고 알려져 있으나 확실치 않다. 표주박은 전술한 바와 같이, 아프리카 기원이며 신대륙 발견 훨씬 이전에 과실의 표류로 전파되었다고 하는 것이 거의 정설로 되어 있다.

〈표 15〉 모스카타의 발굴장소와 연대

발굴장소	연대
와카 프리에타(페루)	기원전 4000 ~ 3000
오칸포 동굴(멕시코)	기원전 1440 ~ 440
아크멘(미국 콜로라도주)	기원 612 ~ 872
페텐의 와쿠사투돔(과테말라)	기원 900
몬테스마 성(미국 애리조나주)	기원 1100
안콘(페루)	기원 900 ~ 1200
페인티드 동굴(미국 애리조나주)	기원 400 ~ 1247
친카(페루)	기원 1430 ~ 1530

〈호박〉

황색의 크고 아름다운 꽃, 그것은 진화에 중요한 역할을 하였다.

호박 속은 신대륙에만 분포하며, 야생종이 가장 많은 지역은 멕시코와 중미이다. 야생종은 11종이며 재배종은 5종으로 분류된다.

일본 호박이라고 부르는 모스카타(Cucurbita Moschata)는 멕시코 남부로부터 중미에 걸친 지역에서 기원되었으며, 일찍부터 콜롬비아와 페루까지 널리 전파되어 이 지역에는 많은 변이가 보인다. 멕시코 북부와 아메리카 남서부에는 늦게 전파되었다. 모스카타의 고고학적 자료는 신대륙의 발견 전부터 북미에서 남미에 걸쳐 널리 재배되고 있었음을 나타내고 있다(표 15).

가장 오래된 출토품은 페루 와카 프리에타의 기원전 4000~3000년의 것이며, 다음은 멕시코 오칸포 동굴의 기원전 1440~440년의 것이다. 중미의 열대기원이기 때문에 아시아의 다습

〈표 16〉 페포의 발굴장소와 연대

발굴장소	연대			
오칸포 동굴 타마우리파스(멕시코)	기원전	7000	~	기원 1760
토라로사 동굴(미국 뉴멕시코주)	기원전	800	~	기원 1200
메디신 동굴(미국 애리조나주)	기원	904	~	1025
릿지 유적(미국 애리조나주)	기원	1075	~	1177
월나트 계곡(미국 애리조나주)	기원	911	~	1256
메사 베르데 촌락(미국 콜로라도주)	기원	610		
푸에블로 베니토(미국 뉴멕시코주)	기원	870	~	1130

한 지대에서는 채소용으로 발달하였고, 열대에서 온대 북부까지 재배되며 특히 일본은 아시아의 중심이 되었다.

일본에 그다지 보급되지 않은 페포(C. Pepo)는 멕시코시의 남부 고랭지에서 발상하여 일찍부터 멕시코 북부 및 아메리카 동부에서 재배되고 있다. 내서성도 약간 강하여 근래 근동지역이나, 유럽의 남부지역에서 채소용과 사료용으로 재배되고 있다. 그 외, 일본에서는 실호박이라고 부르는 품종이 약간 재배되고 있다. 둘로 쪼개어 삶으면 과실이 국수같이 된다.

고고학적 자료에 의하면 〈표 16〉, 페포는 북미의 여러 곳에서 발굴되고 있다. 가장 오래된 기록은 멕시코 타마우리파스의 오칸포 동굴에서 적은 양의 종자와 껍질 일부가 출토된 것이다. 이것은 기원전 7000~5500년의 농경 초기의 것이다. 또, 같은 장소에서 기원전 3000~2300년과 기원전 2300~1800년의 지층에서 많은 종자와 껍질이 출토되었다. 이후는 〈표 16〉에 나타낸 바와 같이, 신대륙 발견 전에 이미 멕시코 북부로부터 미국 남서부지역에서 재배되고 있었다.

페포와 거의 같은 지역이나 특히 멕시코시의 남부에 집중되어 있으며, 이곳을 발상지라고 생각하는 믹스타(C. Mixta)라는 재배종이 있다. 그것은 멕시코 북서부와 아메리카 남서부에 전파되었다. 이 종의 특징은 크기는 주먹만 하고 과경은 코르크성이다. 고고학적 자료에 의하면, 믹스타의 출토품은 적다. 그 이유의 하나로 모스카타로 동정되었을 위험성이 있다. 멕시코 타마울리파스의 오칸포 동굴에서 기원 100~760년의 과경이 출토되었다. 그 외, 신대륙 발견 전까지의 것으로는 애리조나 북동부와 뉴멕시코 서부에서 출토되었다. 따라서, 믹스타는 신대륙 발견 전에 이미 멕시코 북부로부터 미국 남서부에 걸친 지역에서 널리 재배되고 있었다.

재배종으로 유일한 다년생 식물인 피시폴리아 호박(C. Ficifolia)은 멕시코 남부와 중미를 중심으로 콜롬비아와 페루까지 재배되고 있으며, 주로 고원의 한랭한 지대에서 재배가 가능하다. 이 종은 변형되어 줄기와 잎, 과실의 모양이 수박과 흡사하다. 옛날에는 채소용, 종자의 식용, 음료의 원료로 이용되었으나 현재는 사료용에 지나지 않는다. 다만, 요즈음 남미에서 재배되면서부터 안데스 고지 주민의 식량이 되고 있다. 고고학적 자료에 의하면, 피시폴리아는 페루 와카 프리에타의 기원전 4000~3000년의 지층에서 출토되었다. 이 종도 일찍부터 중앙멕시코에서 중미를 거쳐 칠레까지의 고원지대에서 재배되고 있기 때문에 페루에서 출토되는 것은 당연하다.

다음 일본에서 서양호박이라고 불리는 막시마 호박(C. Maxima)은 페루, 볼리비아, 칠레, 아르헨티나의 고원지대에 그 중심을 가지고 있다. 적어도 신대륙 발견 전 적도 북쪽에서의 재배기록은 없으며, 남미의 건조한 고원지대에서 기원되었다. 이 종은 일본의 북부, 북미, 북유럽 나아가 시베리아 등 고위도지역에서 그 성능을 발휘하며 널리 재배되고 있다. 채소용 외에 호박이 커서 사료용으로도 중요한 것이다. 고고학적 자료에 의하면, 막시마는 페루 산니콜라스의 기원전 1200년경의 지층에서 출토되고 있음에 지나지 않으며, 중미 등지에서는 고고학적 자료가 출토되지 않는 점으로 보아 남미기원의 재배종임이 분명하다.

이상과 같이, 5종의 재배종 가운데 4종이 멕시코와 중미에서 기원되었으며 나머지 1종이 남미에서 기원되었다.

호박 속의 염색체수는 모두 20이고, 게놈도 거의 같으며 2배종 수준에서 유전자의 돌연변이와 염색체의 적은 구조적 변이로 분화되어 성립된 것이다. 기원에 관여한 선조종의 해명은 호박 속의 교잡친화성을 기준으로 하고 있다. 화이테커 등은 야생종을 멕시코시 이북의 건조 지대에 분포하는 다년생군과 멕시코 이남 및 중미북부의 적당한 습기가 있는 지대에 분포하는 일년생과 다년생의 중생군으로 대별하였다. 그리고 교잡친화성을 조사하여 다음과 같은 결과를 얻었다. 각각의 군내에서는 교잡친화성이 높으나 2군 사이에는 교잡친화성이 낮다. 더구나 재배종과 야생종 사이에는 모스카타만이 2군에 대해서 약간의 친화성이 있으며, 특히 중생군과 친화성이 있다. 재배종 사이에도 건조군 지역에 재배되고 있는 페포와 믹스타 사이에 중생군 지역에서 재배되고 있는 모스카타, 피시폴리아, 막시마 사이에 각각 친화성이 있어 모스카타는 모든 재배종에 대하여 약간이지만 친화성이 있다.

이와 같이 모스카타는 중심의 위치를 점하고 있기 때문에 모든 종은 모스카타의 원시형에서 기원되었다고 하였다. 그리고 원시형의 발상지는 아마도 멕시코 남부에서 중미 북부에 이르는 지역이며, 원시형의 전파과정에서 직접 또는 간접으로 여러 가지 재배종이 성립되었다고 보고 있다. 재배종 중에 선조종이 현존하고 있는 것이 있다. 페포의 선조종은 미국의 중앙텍사스 지역에 자생하는 텍사마(C. Texama)라고 생각하고 있으며, 막시마의 선조종은 볼리비아와 아르헨티나의 북부지역에 자생하는 안드레아나(C. Andreana)라고 생각하고 있다.

다음으로, 호박 속의 계통적 관계를 새로운 영역에서 고찰한 보고를 소개한다.

미국의 곤충학자인 허드(Hurd)는 1971년, 호박과의 화분운반자인 꿀벌과의 관계를 분석한 흥미 있는 보고를 내었다. 그것은 꿀벌이 '종'에 따라 꿀을 구하는 호박의 종을 달리하는 선택성이 있음에 착안하여, 꿀벌 '종'의 계통발생적 관계에서 호박 '종'의 계통관계를 해석한 보고이다.

호박의 화분은 무겁고, 점성이 크며, 화분의 표면에는 바늘모양의 돌기가 있다. 또, 주두에도 점성이 있다. 암꽃과 수꽃이 별도로 있고, 단맛이 풍부한 많은 꿀을 내며 각각의 꽃은 크고 눈에 확 뜨이는 등 오로지 곤충의 매개로만 수정할 수 있게 되어 있다. 한편, 꿀벌 쪽도 꿀을 채집하는 데 적응한 형태를 가지고 있어 아침 일찍부터 피는 호박꽃에 대응하여 태양광선이 약할 때 날아다니는 능력이나, 화분을 효율적으로 채집하여 운반하는 데 필요한 기능을 가지고 있다.

따라서 꿀벌은 호박의 화분을 주두에 운반하여 주는 종사자로 호박의 '종'에 따른 독특한 냄새는 특정한 꿀벌의 '종'만이 화분을 매개하게 한다. 호박과 호박의 화분을 운반하는 특정한 꿀벌이 함께 구대륙에 도입되었다면, 호박은 훨씬 생산력이 큰 식물로 인식되었을 것이다. 또, 꿀벌은 '종'에 따라 분포지역을 달리하고 꿀벌의 아래턱에 꿀을 찾는 수염이 있으며, 그 수염은 몇 개의 환절로 되어 있다. 이 환절수가 6개인 꿀벌이 가장 원시형이고, 다음이 5개인 꿀벌이며 4개인 것이 가장 진화한 '종'으로 진화함에 따라 환절수가 감소한다는 것이 인정되고 있다.

이와 같은 꿀벌의 분포를 조사한 결과 6개인 원시형은 멕시코에, 4개로 가장 진화한 것은 페루와 볼리비아에, 5개인 중간형은 멕시코와 페루를 연결하는 중간 지대에 분포한다는 것이 판명되었다. 따라서 멕시코가 호박 속의 발상지이며 페루가 기원인 막시마는 멕시코 기원인 모스카타의 원시형에서 종으로 분화하였다고 결론지었다.

이와 같은 생물 간의 상호관계에 의한 진화는 생물계에서 일반적으로 인정되는 현상이며, 두 생물 간에 어떤 관계가 있을 때는 단독으로 존재하는 것보다 능률적으로 진화한다고 한다. 호박과 꿀벌의 연구는 이와 같은 상호도태에 의한 진화개념을 재배식물의 기원에 처음으로 적용한 예이며, 새로운 영역을 개척한 귀중한 것이라 하겠다.

이와 같은 상호도태의 개념은 재배식물과 인류라는 상호관계에도 적용되며, 재배식물의 기원에 있어 문화사적인 면에서도 중요한 의의를 갖는다고 하겠다. 재배식물은 생물로서의 진화가 아니고, 인간을 중심으로 한 진화이다. 인류가 식물을 재배한 신석기시대로부터 현대에 이르기까지의 기나긴 역사를 돌이

켜 볼 때, 인간과 재배식물 사이에는 상호도태의 개념이 크게 적용되며, 또 그 중요성도 인정되기 때문에 앞으로 이 방면의 연구성과를 기대해 본다.

3) 콩과식물

콩과식물은 식물단백질 자원으로 가장 중요한 것이다. 수렵과 채취생활을 하던 초기 농경시대에는 동물성 단백질을 풍부하게 취할 수 있었다고 생각해도 좋으나, 농경이 확립되면서 지역적인 인구증가는 필연적인 것으로 동물성 단백질이 결핍되고 식량은 곡물과 서류의 녹말에 편중되었다고 보아도 좋을 것이다.

그 부족한 단백질을 보충해 온 것이 콩류이다. 식생활에서 곡류 또는 서류와 콩류의 조화는 여러 지역에서 찾아볼 수 있다. 예를 들면 신대륙에서는 옥수수와 강낭콩, 아시아에서는 쌀과 대두의 조화가 그 대표적인 것이다. 중남미 지역에서는 옥수수를 수확한 후, 옥수수 줄기에 강낭콩을 감아올려 가며 재배하고 있다. 이와 같은 전분과 단백질의 균형 있는 영양공급 체계는 인간의 경험적인 결과에 의한 것인지 아니면 우발적인 결과에 의한 것인지, 문제는 난해하나 흥미 있는 문제임에는 틀림없다.

콩류는 접형화(蝶形花)라 부르는 특징 있는 꽃을 가지며 사람의 호기심을 끌기에 충분한 아름다움을 가지고 있다. 또, 콩류는 꼬투리 속에 종자가 들어 있다. 여물면 꼬투리가 둘로 열리면서 종자가 튀어나온다. 종자는 수분함량이 적고 딱딱하다. 따라서 식용의 대상으로 인간의 눈에 일찍부터 띄었을 것이다.

　더구나 콩류는 뿌리혹균에 의한 질소의 특수한 영양섭취 형태를 취하고 있기 때문에 주요 작물과 윤작함으로써 주요 작물의 수량을 증대시킬 수 있다는 것을 알았을 것이다. 이와 같이 경험에서 얻은 지식은 전분과 단백질이라는 인간에게 필요한 영양체계를 성립시켰다고 말할 수 있다. 따라서 양 대륙의 열대에서 온대에 걸친 각지에서는 많은 콩류가 성립하였다. 구대륙에는 대두, 팥, 녹두, 렌즈콩, 이집트콩, 잠두, 완두, 동부 등이 있으며 신대륙에는 4종의 강낭콩류와 땅콩이 있다.

　양 대륙의 콩류를 비교하면, 구대륙의 것은 잠두를 제외하면 모두 소립종이며 신대륙의 것은 대립종이다. 콩류에 대해서는 양 대륙의 콩류가 신대륙의 발견 후, 서로 교환도입되어 식물성 단백질 및 유료자원으로 크게 기여하였다. 특히 현재는 대두와 잠두는 신대륙에서, 강낭콩과 땅콩은 구대륙에서 각각 중요한 콩류가 되었다. 특히, 단백질(가장 많은 품종은 45%)과 기름(가장 많은 품종은 23%)의 함량이 가장 많은 대두는 북미에서 많이 재배되어 전 세계 생산량의 7할을 점하고 있다. 또 잠두는 중앙안데스고원의 주요한 작물이 되어 감자와 함께 표고가 4,000m인 고원에서 여름작물로 재배되며 삶아서 한알 한알 껍질을 벗겨 먹는다. 식용하는 것을 보면 세계에서 이 정도로 잠두를 많이 먹는 지역은 없다고 생각할 정도이다.

　콩류의 기원에 대해서는 분명치 못한 점이 많으며, 신대륙기원의 콩류를 제외하고 선조종을 확실히 아는 것은 적다.

　아시아의 콩류는 대두, 팥, 녹두이다. 대두는 기원전 1100년경에 중국의 북동부인 밀과 수수의 재배 지대에서 재배화되었다. 팥은 중국이 원산이며, 그 외 한국과 일본에 한정되어 있는

특수한 콩류이다. 녹두는 인도가 원산이며 그 지역에서는 중요
한 식용작물이다. 종자 모양은 팥과 같으나 좀 더 작으며, 일본
에는 그다지 알려지지 않았으나 상당히 널리 전파되어 있다.

중근동의 온대지역에는 렌즈콩, 이집트콩, 잠두가 재배되고
있다. 렌즈콩은 콩류 중에서 가장 재배 역사가 오래되었으며
이라크, 시리아, 요르단 지역에서는 기원전 7000~6000년경의
발굴물에서 밀이나 보리와 함께 출토되고 있다. 종자는 구형
또는 볼록렌즈 모양이고 아주 작다. 현재는 인도가 주산지이며
벼의 앞작물 또는 보리와 혼작하고 있다. 인도는 세계에서 콩
류의 생산량이 가장 많은 나라이다.

이집트콩은 콩의 배꼽 부위에 돌기가 있는 콩으로 건조한 환
경에 강하다. 이라크나 이란에서는 현재도 사막과 같은 곳에서
재배하고 있다. 지중해 주변지역이 원산인 것에는 완두가 있다.
또, 열대 아프리카가 원산인 것에는 동부가 있다. 완두와 동부
를 제외하면 구대륙의 콩류는 덩굴성이 아니다.

다음으로 신대륙이 기원인 콩류에 대하여 좀 더 상세하게 소
개한다.

〈강낭콩〉

비단 같은 광택의 이 콩은 자연의 최고 예술품이다.

강낭콩 속에는 약 160종이 있으며 약 80종은 신대륙에, 나
머지는 구대륙에 있다. 구대륙의 재배종인 팥과 녹두는 소립종
이고 꼬투리가 작으나, 신대륙에서는 대립이고 꼬투리가 큰 4
종의 다른 재배종이 성립하였다. 특히, 강낭콩과 리마콩은 옛날
부터 중요한 작물이었다.

강낭콩(Phaseolus Vulgaris)의 기원에 대하여 드캉돌은 신구 대륙 어느 쪽인지 분명히 하지 않은 채 긴 세월이 지나갔다. 바빌로프는 멕시코에 변이가 풍부하게 집적되어 있는 것을 보고 멕시코가 기원이라 하였으나 그 야생종은 발견되지 않았다.

1966년과 1967년에 미국 농무성이 멕시코와 중미에 대하여 탐색한 결과, 멕시코 중앙부와 남부 과테말라, 온두라스 중앙고원의 태평양연안 25개 지점에서 야생종을 발견하였다. 그 야생종은 분명히 강낭콩의 선조종이었다. 그 자생지는 표고가 750~1,800m이며, 계절적으로 많은 비가 내리는 지역이었다. 야생종은 1년생이며 가끔 다년생도 보이고, 여름인 우기에 발아하여 그해 건조기에 완전히 여문다. 완숙되면 꼬투리가 파열되어 종자가 튀어나온다. 야생종에는 덩굴성인 것에서 덩굴성이 아닌 것까지의 변이가 있으며, 또 종자의 색도 황색이나 흑색까지 하나의 꼬투리에 2~10알이 들어 있는 등 변이가 풍부하다. 다만, 종자가 재배종에 비하여 매우 작다. 처음은 덜 여문 것을 이용하여 오다가 재배하게 되면서 주로 완숙한 종자를 식용하게 되었다고 생각된다.

고고학적 자료에 의하면, 강낭콩은 동부 멕시코에서 기원전 1500~2800년, 미국의 남서부에서는 기원전 800년에서 기원 500년, 페루에서는 기원전 200년경의 것이 각각 출토되었으며 이는 이미 재배종이었다. 종자의 크기도 현재의 재배종과 같았다. 멕시코에서는 상당히 오래전부터 재배화되었으며, 기원전후에는 미국의 남서부에서 남미의 중앙안데스 지대까지 널리 재배되고 있었다고 한다.

또 하나의 중요한 리마콩(P. Lunatus)은 종자가 약간 납작하고 폭이 넓으며 강낭콩과는 확실히 다르다. 식물체는 강낭콩과 완전히 같으나 덩굴성인 것만이 다르다. 그 꼬투리는 강낭콩보다 크고 짧다. 또 강낭콩과는 달리 꼬투리 하나에 많아야 3알 정도의 종자가 들어 있다. 리마콩은 소립종과 대립종의 2개군으로 되어 있다. 소립종은 꼬투리가 구부러지고 납작하여 대립종과 쉽게 구별된다. 한편, 대립종은 강낭콩보다 훨씬 크다. 강낭콩 속의 종간잡종은 거의 불가능하나 소립종과 대립종의 교잡은 쉬우며, 임성이 있는 후대가 생긴다. 같은 종에 속하는 것은 분명하나 야생종의 분포와 고고학적 자료는 분명히 독립적으로 재배화되었음을 나타내고 있다. 옛날 소립종은 중미를 중심으로 멕시코와 미국의 서남부에서 재배되었으며, 대립종은 페루에서 재배되어 왔다.

그 야생종이 멕시코로부터 남미의 북부에 분포하는 것으로 보아 소립종은 중미에서, 대립종은 페루에서 기원되었다고 보인다. 고고학적 자료를 보면, 신대륙의 발견 전에는 중미로부터 남미로 이동한 흔적이 없다. 페루 중부해안의 치루카, 북부해안의 와카 프리에타 유적에서 발굴된 기원전 3300년 및 기원전 2500년의 것은 이미 대립종이었다. 소립종은 멕시코 타마우리파스의 기원전후의 유적에서 발굴되었다.

중앙안데스 지대의 초기 농경시대의 중요한 식물성 단백질 자원은 강낭콩이 아닌 리마콩이었음이 분명하다. 이와 같이 콩류도 멕시코와 중앙안데스에서 독립적으로 재배화되어, 각각의 식생활체계를 이룩하였음이 이해된다고 하겠다.

다음은 그다지 중요한 식용자원은 아니었지만, 멕시코의 독특한 두 가지 강낭콩류에 대하여 설명하겠다.

그 하나는 붉은 강낭콩(P. Coccineus)으로 덩굴성의 다년생이고, 드물게는 흰색도 있으나 적자색의 반점이 종자에 있는 것도 있으며 강낭콩보다 크다. 꽃은 진한 적색이다. 다년생이기 때문에 반재배형이라고도 생각하며, 멕시코의 남부로부터 과테말라의 표고가 1,800m 이상인 한정된 고원에서 재배되는 한랭지에 적응한 콩이다. 그 지역에 야생종이 자생하기 때문에 과테말라에서 재배화되었다고 생각된다. 이 콩은 지방의 함량이 많고 전분질의 굵은 뿌리를 식용하기도 한다. 연대는 확실치 않으나, 멕시코 오칸포의 기원전 7000~5000년의 유적에서 야생형이 발견되었으며, 가장 오래된 재배형은 테와칸 계곡에서 출토되었다. 이 콩은 옛날 강낭콩의 고지적응성 품종이 출현하지 않았던 시대에 널리 재배되었다고 생각된다.

다른 하나는 테파리콩(P. Acutifolius)으로 현재 이 콩은 거의 재배되고 있지 않다. 1950년경까지는 멕시코 북부의 태평양연안 시장에 보였으나 그 후는 전혀 보이지 않는다. 그러나 건조에 강한 콩으로 알려져 있으며 건조 지대에서 사료작물로 이용되었다고 생각된다. 이 콩은 재배종 중에서 가장 작다. 그 야생종은 미국의 서남부로부터 멕시코 북부에 걸친 태평양연안의 건조 지대에 자생하고 있으며, 옛날에는 그 지역에서 재배되었다. 그러나 고고학적 자료에 의하면 테와칸 계곡의 기원전 3000년경의 유적에서 출토되었기 때문에 농경 초기에 재배화되었던 곳은 좀더 남쪽이었다고 생각된다.

이상과 같이, 멕시코로부터 페루까지의 지역에서 4개의 재배종이 각각 기원되었으며 그 가운데 강낭콩은 적응성과 경제성이 가장 커서 옥수수와 같은 시기에 그리고 같은 경로를 통하여 구대륙에 도입되어 세계 각지에서 재배하게 되었다.

〈땅콩〉

땅 위에서 꽃이 피고, 땅속으로 들어가 종자를 맺는 이 기발한 식물은 인류가 창조한 유료작물 중 가장 걸작이다.

땅콩(Arachis Hypogaea)은 콩류 중에서 대두와 함께 단백질과 지방의 함량이 많은 매우 중요한 작물이다. 현재, 구대륙 기원의 대두가 북미에서 가장 많이 생산되고 있는 것과는 대조적으로 신대륙 기원의 땅콩은 아시아와 아프리카 양 대륙에 재배의 9할이 집중되어 있다.

땅콩 속은 15종으로 알려져 있으며 브라질의 아마존 강유역, 볼리비아, 파라과이, 우루과이, 나아가 아르헨티나의 북부까지 분포하고 있다. 3종이 일년생이며 그 외는 모두 다년생이다. 재배종은 1종뿐이다. 땅콩은 지상에서 개화하고 수정하며, 화경이 급속히 발달하여 땅속으로 들어가 종자를 형성하는 재미있는 성질이 있다. 야생종과 재배종의 차이는 땅속으로 들어갈 때 야생종은 처음은 수평으로 신장하다가 땅속으로 들어가나, 재배종은 수직으로 들어간다는 것이다.

재배종은 4배종(2n=40)이며 볼리비아의 남부에 2배종(2n=20)인 야생종이 자생하고 있으나, 근래 이 지역에서 일년생이며 야생종(4배종)인 몬티콜라(A. Monticola)가 발견되었다. 이 야생종은 재배종과 쉽게 교잡되며, 임성인 잡종식물이 생기기 때문에 땅콩의 선조종임이 확인되었다. 이 지역은 표고가 1,400~2,800m이다. 볼리비아는 땅콩의 변이가 가장 많은 지역이며 이용법도 다양하다. 땅콩으로 음료수를 만들기도 하고 비누의 원료로 이용하기도 한다.

남미에서 가장 오래된 발굴물은 페루 북부해안의 와카 프리에타 유적의 출토물이며 그 연대는 기원전 850년이다. 멕시코 테와칸 계곡에서는 기원전 200년의 것이 출토되었다. 따라서 기원전에 남미로부터 멕시코까지 전파된 것이 확실하며 단백질과 유료자원으로 중요한 것이었다고 생각된다. 드캉돌은 브라질이 원산지라고 하였으나 그것은 잘못이다.

신대륙 발견 후 남미로부터 아프리카에 전파되고 아프리카에서 아시아로 전파되어 아시아는 원산지를 능가하는 생산 지대가 되었다.

V. 미래의 전망

1. 인간은 과연 무엇을 만들었나?

식량을 재배식물에 의존하는 신석기시대가 되면서 많은 재배
식물이 출현하였다. 지금까지 취급한 것은 현재 일단은 중요한
재배식물에 포함되어 있으며, 이들이 기원된 연대를 정리하여
보면 〈표 17〉과 같다.

이 표에서 알 수 있듯이 오래된 것은 기원전 7000년, 새로
운 것은 기원후로 지금으로부터 1500년 전에 완전한 재배형이
많이 성립되었다. 물론, 그 후 품종의 개량으로 수확량의 증가,
품질의 개량, 재배적응지역의 확대 등 근대과학의 진보에 의한
공헌은 인정하나 새롭게 만들어진 재배식물은 전혀 없다고 해
도 좋다. 전술한 바와 같이, 과학기술의 진보가 없던 시대에 인
간이 재배한다는 행위만으로 자연히 만들어진 것이다. 문명의
발전에 따른 인류의 번영은 인구의 증가로 나타났으며, 이에
수반되는 인구와 식량의 불균형은 필연적으로 일어나는 현상이
다. 지구상의 인구 보유한계로 식량의 위기는 과거 몇 번인가
반복되어 왔다. 그 위기를 극복한 것은 다른 지역과의 교류로
재배식물의 전파와 도입, 농업 생산지역의 확대와 생산량의 증
가에 힘입은 바 크다.

인공적인 환경조성 등의 수단이 있다고는 하여도 작물의 적
응한계는 작물 자신이 생산이 가능한 지역을 제한한다. 그러나
재배식물의 성립역사를 보면, 발상지에서 다른 지역으로 전파
되어 그 지역에 자생하는 야생종과 교잡이 일어나 새로운 작물
이 성립되고, 그 새로운 작물로 생산이 가능한 지역은 더욱 확
대된 예도 있다. 빵밀처럼 전파과정에서 마카로니 밀과 'Ae.

〈표 17〉 재배식물의 기원연대

재배식물명	기원연대	재배식물명	기원연대
밀(4배종)	기원전 7000	목화(4배종)	기원전 2500
보리	기원전 7000	담배	기원전 2000
호밀	기원전 3000	고추	기원전 3000
벼	기원전 4000	토마토	기원 1000
옥수수	기원전 3000	호박	기원전 4000
감자(4배종)	기원 500	강낭콩	기원전 3000
고구마	기원전 2000	땅콩	기원전 1000

Squarrosa'의 잡종기원으로 기존의 밀보다 광범위한 적응성을 갖는 빵밀의 성립을 본 것도 있다.

또, 신대륙의 발견으로 새로운 재배식물이 도입되었으며 그것이 가져다준 한대지역의 적응은 지금까지 불모지였던 지역을 농업생산 지대로 만들었다. 이와 같이 우발적이고 예측할 수 없는 것에서 세계 인구의 보유량은 확대되었으며, 식량문제는 해결되어 왔다. 이것은 인류의 행운이었다고 말할 수 있겠다. 그러나 여기서 깊이 생각하지 않으면 안 될 것은 문명이 발달한 현대는 자연계의 우발적인 현상을 기대할 수 없다는 것이다.

한편, 품종의 개량과 경제적 생산을 기반으로 하는 농경기술의 진보는 생산력의 증대를 가져왔지만, 과거 재배식물의 진화에 기여해 온 많은 품종들을 도태시켰으며, 더구나 잡초나 야생종의 격리를 초래했다고 하겠다. 특히 잡초나 야생종의 격리는 유전자원의 공급원이 되어 온 자연교잡이나, 생물 간의 상호작용으로 생기는 변이와 그 집적방법을 단절시키는 결과를 조장하고 있는 것이다.

근년에 이르러 세계의 인구는 37년을 주기로 2배씩 증가된다고 한다. 인구의 폭발적인 증가에 대한 식량위기의 대책으로는 인구증가의 억제와 식량의 증산, 두 가지밖에는 없을 것이다. 그러나 최근 개최된 세계 인구회의는 어떻게 인구증가를 억제할 것인가에 의논이 집중되었으며, 식량증산에는 적극적인 배려가 없었던 것으로 보인다.

기존의 재배식물을 대상으로 모든 각도에서 식량의 획득 노력을 경주함과 동시에, 지금부터는 인간 자신의 손으로 새로운 재배식물의 개발에 적극적으로 노력할 필요가 있다. 현재까지는 재배식물의 개발이 적극적으로 이루어지지 않았다고 생각되며, 오히려 선조들의 유산을 이용하는 데 지나지 않았다고 생각된다. 현재, 우리의 일상생활은 식량의 긴박감을 느끼지 못한다. 그러나 세계의 어디에선가는 항상 기아에 대한 공포가 현존하고 있음을 생각할 필요가 있다. 따라서 식량대책은 빨리 손을 쓰지 않으면 안 될 중요한 문제이다. 사우어는 농업의 기원에서 "'필요는 발명의 어머니'라고 말하고 있으나, 결핍의 고통과 비참한 사회에서는 결코 발명은 기대할 수 없기 때문에 충분한 여유가 있을 때야말로 유용한 재배식물이 출현하는 것이다."라고 강조하고 있다.

여기서, 현대의 인류는 다시 한번 재배식물의 역사를 살펴보고 신석기시대의 원점으로 돌아가 볼 필요성이 있다고 하겠다.

2. 장래의 가능성

여기서 식량증산의 대책으로 새로운 작물의 개발을 제안한다. 물론 식량증산은 새로운 작물의 개발만으로 해결되는 것은 아니다. 새로운 작물이 개발되어도 곧 그대로 적용되는 것은 아니다. 오히려 장기간을 필요로 하기 때문에, 우리의 자손을 위해서라도 한시라도 빨리 시작할 필요가 있다고 생각한다. 지금까지 기존의 것을 이용한 품종개량, 재배방법의 개량, 농지의 조성, 유통기구의 합리화 등 농학 전반에 걸친 노력의 필요성을 부정하는 것이 아니고, 그것과 평행하여 현재보다 더 적극적으로 새로운 작물의 개발에 노력할 필요성을 강조하는 것이다.

다시 한번 재배식물이 성립된 시기부터 현재까지, 인간과 재배식물이 걸어온 발자취를 더듬어 본다.

원시시대의 식량획득은 뚜렷한 목적이 없는 단순한 습득행위로 시작하였다. 그 후, 수렵과 채취에 의존하는 석기시대에 들어와 분명히 식생활을 위하여 유용한 것을 선택한다는 목적을 가지고 채집하였을 것이며, 이것은 일종의 탐색이었다. 그 결과, 가장 중요한 것은 주거지 주변에 심어 인간이 관리하게 되었고, 재배하는 행위의 반복과정에서 현재와 같은 재배식물이 성립되었다. 그것은 인간이 재배한다는 기계적 행위가 주체였으며 무의식적으로 또는 의식적으로 선발과 도태의 첫걸음이 시작되었다고 보아도 좋을 것이다.

신석기시대 이후는 재배화가 진척됨에 따라 인간에 의한 선발과 도태가 이뤄졌으며, 그 결과 많은 유용한 재배식물이 속속 출현하였다. 농경 초기에는 식량의 일부를 채집에 의존하였으며, 채집이 이루어지는 한 산과 들에서 새로운 식물을 찾는 욕망은 계속되었을 것이다.

그러나 농업이 발달함에 따라, 특히 근대에 이르러 재배로 식량의 공급이 확립되면서 채집 행위는 자취를 감추었고, 어느 사이엔가 채집에 의한 새로운 자원의 탐색을 잊어버렸으며 선발과 도태에 의존하는 결과가 되었다. 그 경향이 점점 진행된 것이 현재이며, 극단적으로 말하여 식량으로는 특정한 재배식물에, 더구나 그 재배식물의 한정된 품종에 집약되어 있다고 보아도 좋을 것이다.

재배식물을 만들어 낸 중요한 행위는 습득과 채집과정에서 끊임없이 행해진 탐색이었을 것이다. 그것은 먹는다는 목적에 가능성을 기대하며, 모든 식물을 채집하고 자신이 개발하여 이용한다는 행위이다. 그 결과, 자신이 재배한다는 행위가 되고 그 행위는 재배식물을 출현시켰다. 이런 견지에서 보면, 현재 먹는 데 있어 가장 결핍된 행위는 탐색이다.

이렇게 보면 인류의 식량문제 해결에는, 한 번 더 탐색에 적극적인 활동이 필요한 것이 아닌가 하는 생각이 든다. 원시인들은 지구상의 각지에서 살기 위하여 하루 중 많은 시간을 탐색에 소비해 왔다. 그것에 소비하는 시간은 막대한 것이었으며, 이에 비하여 현대인은 탐색에 전혀 노력하지 않는다고 하겠다. 지구상의 자원 탐색은 주로 현실적으로 효과가 큰 광물이나 석유 등에 집중되어 있으며, 그 이용이 그다지 기대되지 않는 농업문제에 대해서는 분명히 경시하고 있다. 1492년 콜럼버스에 의하여 신대륙이 발견될 당시도 처음은 금과 같은 광물자원의 도입이 목적이었으며, 농업 대상에 대한 적극적인 도입은 신대류 발견 후 30년이나 지난 뒤의 일이었다.

세계 각지의 재배식물과 그 근연 야생식물의 탐색 필요성을 처음으로 제창한 사람은 바빌로프이다.

그는 12년에 걸친 세계 각지의 탐색으로 막대한 자료를 수집하였으며, 그 유전자원의 보존 필요성을 강조하였다. 그 후, 그의 사상은 한때 러시아의 유전학회를 휩쓴 루이센코 학설 때문에 충분히 발전시켰다고는 말할 수 없다.

환경에 의하여 식물은 변할 수 있다는 루이센코 학설을 비롯하여, 인간이 생물을 마음대로 변혁시킬 수 있다는 사상은 20세기에 들어와 점점 강하게 지배하였다고 보아도 좋을 것이다.

과학의 진보는 방사성 물질에 의한 돌연변이의 유발이나, 염색체공학에 의한 잡종세포의 육성 등에 성공하였으며, 작물에서도 이와 같은 여러 가지 방법을 이용하면 모든 변이의 탐색이나 새로운 작물의 개발문제도 쉽게 해결할 수 있다는 인상을 일반 사람들에게 심어주었다. 그 결과, 그것을 너무 과대평가하게 되었으며, 자연계에서 몇만 년을 경과하며 창성된 유전자원의 탐색을 경시하는 방향으로 달리고 있는 것같이도 보인다. 근대과학의 진수를 모아도 인류에게 유용한 생물로 변혁시킨다든가, 또는 창성한다는 것이 쉬운 일만은 아니다. 그것을 가능하게 하는 것은, 우선 자연계에 존재하는 유용생식질(자손을 남길 수 있는 모든 것을 말함)을 가능한 한 탐색하고 수집하는 것이다. 그리하여 그것을 소재로 근대과학의 진수를 집중시켜야 비로소 새로운 재배식물의 육성이 가능할 것이다.

과학적인 방법을 구사한다고 해도 그때 이용되는 소재의 중요성을 잊어서는 안 된다. 인간의 반려자가 된 재배품종은 분화의 누적으로 생긴 것이기 때문에 재배품종의 유전자군은 특정한 것이며, 따라서 그것에서 유래하는 소재는 자연계에 존재하는 것에 비하면 양적으로나 질적으로나 매우 빈곤한 것이라고 생각해도 좋을 것이다. 바빌로프는 식물육종은 인류의 의지로 방향이 결정된 진화이며, 거기에는 재배식물의 기원에 대한 연구와 육종소재에 대한 연구가 기본적으로 필요하다는 것을 강조하였다. 그의 주장은 언제나 재배식물의 성립 당시로 되돌아가 재배식물의 육성을 생각할 필요가 있다고 말한 것으로 이해된다.

일반적으로 재배식물기원의 연구에 대하여 많은 사람들은 역사적 고찰의 학문이라는 인식밖에는 갖고 있지 않으나, 재배식물기원학은 과거와 현재와 미래를 연결하는 일련의 연구이며, 그 본질은 재배식물의 미래의 전망에 있다.

이상과 같은 입장에서, 국제협력체계를 기간으로 재배식물의 기원에 관여한 선조종을 탐색하고, 그것에 근거하여 미래의 육종소재를 수집하고, 새로운 유용생식질을 탐색하고, 그 개발과 이용에 적극적인 활동 등을 전개하는 것이 미래의 인류에 대한 식량문제 해결의 가장 좋은 방법이다. 요즈음 모든 외국에서는 세계 각지에 존재하는 생식질자원의 탐색을 위하여, 기초분야와 응용분야를 망라한 탐험대를 조직하여 매년 계획적인 구상을 가지고 활동을 전개하고 있다.

일본은 그와 같은 체계가 완전히 확립되지는 못했다. 자연계에서 알려지지 않고 남아 있는, 인류에게 도움이 되는 생식질자원을 탐색하는 것은 장차 새로운 재배식물의 개발을 기대하는 것이며, 나아가 식량 문제의 해결과 결부된다고 보아도 좋을 것이다. 또, 탐색하고 수집한다고 해도 단순히 산과 들을 걸어 다니는 행위만으로는 수렵과 채취시대와 다를 것이 없다. 지금 근대과학의 진수를 집중시킨 생식질 자원탐색학(生殖質資源探索學)이라고도 해야 할 분야의 확립을 조속히 도모할 필요가 있을 것이다.

3. 유전자은행의 설치

식량으로 인한 인간과 식물과의 관계는 신석기시대에 시작되었으며, 미래에도 영원히 계속될 것은 자명한 일이다. 문명의 발달은 인간의 지구에 대한 지배력을 점점 증대시키고 있으며, 그 결과 자연계를 가속적으로 파괴하고 있다. 지금까지 서술한 바와 같이, 미래의 식량문제에 중요한 열쇠가 되는 생식질 자원은 소실되어 가고 있다. 또, 이미 완성된 식량자원도 소실되고 있는 상태이다.

우리는 일상생활에서 재배식물로 이용되던 유전자원이 급속히 소실되어 가는 사실을 피부로 느낄 때가 종종 있을 것이다. 옛날에는 시장에 여러 가지 채소나 과실이 보였으나 최근에는 제한된 종류뿐이며, 더구나 채소나 과실을 보면 1, 2품종에 지나지 않는다. 재래종이라 부르는 독특한 것은 없어지고, 근대적인 것으로 통일되어 가고 있다. 생식질 자원에서 보면, 종류가 균일화되는 변이의 소실은 막대한 유전자의 소실을 의미하고 있다. 따라서 품종의 보존체계를 조속히 확립할 필요가 있다. 만일 품종의 보존체계가 확립되어 있다면 아무 문제도 야기되

지 않으나 품종보존에 특별한 배려가 없다면 품종의 소실 방지
는 불가능하다.

이와 같이 야생종이나 재배종을 불문하고 지금과 같은 유전
자의 소실 상태는 일본뿐만이 아니라 세계적인 경향이다. 그래
서 국제적 협력으로 유전자보존의 필요성이 FAO(세계 식량농업
기구)와 IBP(국제 생물학 사업계획)가 핵이 되어 제기되어 왔다.
그 구상은 국제적 규모로 지구상의 생식질 자원을 가능한 한
탐색하고 수집하고 개발하여 이용하기 위하여 보존한다는 취지
이다. 생식질 자원은 유전자의 집합체로 간주되기 때문에 그것
은 유전자은행의 성격을 갖는다고 하겠다. 그러나 이것이 제안
되고 10년이란 기간이 경과하였지만 체제가 완전히 확립되지는
못하였다.

생식질의 보존과 유지는 목적에 따라 둘로 대별된다. 하나는,
의학적 연구와 생물학적 연구를 진척시키는 데 필요한 순계의
보존이다. 실험에 이용되는 계통은 순계일 필요가 있다. 예를
들면 약의 효용을 시험하기 위해서는 순계를 이용하여 그 반응
을 조사한다. 즉 소모품인 실험생물이다. 다른 하나는, 생식질
유전자를 활용하여 유용생물을 창성할 목적으로 사용하는
계통이다. 유전자은행의 설치 필요성이 강조되는 계통은 후
자이다. 전자인 실험생물의 계통보존은 직접적인 수요와 성
과가 눈에 보이기 때문에 상당한 체제가 확립되어 있다. 그
러나 후자인 활용할 계통의 보존은 원활히 운영할 수 있는
영역에 도달하지 못하였다. 계통은 다양하여 환경을 달리하
며, 그 수도 많다는 등의 이유로 계통의 보존과 유지는 보
통 일이 아니다.

그러나 이미 기아에 직면하고 있는 개발도상국이 있고 전 세계적으로 매년 100만 명 이상이 굶어 죽는 것을 생각하면, 한 시라도 빨리 계통의 보존체제를 확립하여 이용과 개발을 촉진할 필요가 있을 것이다. 그래서 식량문제를 해결하기 위한 소재를 보존하는 유전자은행이라고도 말할 수 있는 계통 보존센터의 확립 필요성을 강조하고 싶다. 미국이나 러시아는 이미 계통 보존센터가 설립되어 있으며, 생식질 자원의 탐색, 수집, 개발, 이용, 보존과 정보의 일련의 작업이 개시되고 있다. 일본에서도 그 필요성이 인식되어 설치의 기운이 일고 있으나, 지금은 개개의 연구기관 또는 개인에 의하여 보존되고 있고 종합적인 보존기관의 설립은 아직 되어 있지 않다.

필자는 인간의 반려자로 키워온 재배식물의 기원을 말하고 있으나, 그 문제를 통하여 유전자은행의 필요성을 독자가 이해해 준다면 다행한 일이다.

참고문헌

자세히 조사해 보고 싶은 분을 위하여 주로 인용한 문헌을 소개한다.

- Åberg, E. (1938) *Hordeum agriocrithon*, a wild six-rowed barley. Ann. Agr. Coll. Sweden 6 : 159~216.
- _____ (1940) The taxonomy and phylogeny of *Hordeum* L. sect. *Cerealia* Ands., with special reference to Thibetan barleys. Symbolae Bot. Upsal. 4 : 1~156.
- Anderson, E. (1945) What is *Zea mays?*, a report of progress. Chron. Bot. 9 : 88~92.
- _____ (1949) Introgressive hybridization. New York, 106pp.
- _____ (1952) Man and life. Boston.
- _____ (1953) Introgressive hybridization. Biol. Rev. 28 : 280~307.
- 安藤廣太郎 (1951) 日本古代稻作史雜考
- Bakhteyev, F. Kh. (1963) Origin and phylogeny of barley. Barley Genetics I. Proc. Ist Intern. Barley Genet. Symp., 1~18.
- Barrau, J. (1966) The Indo-Pacific area as a center of origin and domestication of plants. Symp. Ethnobot., Centen. Celebrations Peabody Mus. Natur. Hist., Yale Univ., New Haven, Conn. Cited in N. M. Nayar (1973).
- Beadle, G. W. (1939) Teosinte and the origin of maize. J. Hered. 30 : 245~247.
- Beasley, J. O. (1940) The origin of American tetraploid

Gossypium species. Amer. Nat. 74 : 285~286.

- Chang, T. T. (1964) Present knowledge of rice genetics and cytogenetics. Tech. Bull. 1, 96pp. Int. Rice Res. Inst.
- Chatterjee, D. (1951) Note on the origin and distribution of wild and cultivated rices. Indian J. Genet. Plant Breed. 11 : 18~22.
- Clausen, R. E. (1928) Interspecific hybridization and the origin of species in *Nicotiana*. Zeits. Ind. Abst. Ver. Supbd. 1 : 547~553.
- Collins, G. N. (1912) Origin of maize. J. Washington Acad. Sci. 2 : 520~530.
- Darwin, C. (1845) A Naturalists Voyage. J. of researches into the natural history and geology of the countries visited during the voyage of H. M. S. Beagle round the World. London, John Murray.
- _____ (1859) On the Origin of species by means of natural selection. (小泉譯 : 種の起原)
- _____ (1868) The variation of animals and plants under domestication. New York.
- De Candolle, A. (1883) Origine des plantes cultivées. Paris. (加茂儀一譯 : 栽培植物の起原, 改造社)
- Frankel, O. H. and E. Bennett ed. (1970) Genetic resources in plants Their exploration and conservation. I. B. P. Handbook 11. 554pp.
- Freisleben, R. (1940) Die Phylogenetische Bedeuturg asiatischer Gersten. Züchter 12 : 257~272.
- Galinat, W. C. (1963) Form funtion of plant structures in the American Maydeae and their significance for breeding. Econ. Bot. 17 : 51~59.
- Gentry, H. S. (1969) Origin of the common bean, *Phaseolus vulgaris*. Econ. Bot. 23 : 55~69.

- Goodspeed, T. H. (1954) The genus *Nicotiana*. Chronica Botanica, Waltham, Mass. 536pp.
- Greenleaf, W. H. (1942) Genic sterility in *tabacum* like amphidiploid of Aegilops. I. Genoma-affinitä ten in tri-, tetra- und pentaploiden Weizenbastarden. Cytologia 1 : 263~284.
- _____ and F. A. Lilienfeld (1949) A new synthesized 6x-wheat. Proc. 8th Int. Congr. Genet. Hereditas Suppl. vol. 307~319.
- Kimber, G. and R. S. Athwal (1972) A reassessment of the course of evolution of wheat. Proc. Nat. Acad. Sci. U.S.A. 6 9 : 912~915.
- Kostoff, D. (1943) Cytogenetics of genus *Nicotiana*. State Printng House, Sofia. 1071pp.
- Leppik, E. E. (1971) Assumed gene centers of peanuts and soybeans. Econ. Bot. 25 : 188~194.
- Luckwill, L. C. (1943) The evolution of the cultivated tomato. Royal. Hort. Soc., Jour. 68 : 19 ~25.
- Mangelsdorf, P. C. and Reeves R. G. (1939) The origin of Indian corn and its relatives. Texas. Agric. Exp. Sta. Bull. 574.
- Matsubayashi, M. (1955) Studies on species differentiation in the section *Tuberasium of Solanum*. Sci. Repts. Hyogo Univ. Agr. 2 : 25~31.
- McFadden, E. S. and E. R. Sears (1944) The artificial synthesis of *Triticum spelta*. Rec. Genet. Soc. Amer. 13 : 26~27.
- 水島字三郎 (1948) 日本稲 南部アジアイネ及びアメリカ稲の遺傳的關連性. 農學 2.
- Muller, C. H. (1940) A revision of the genus *Lycopersion*. U.S.

Dept. Agr., Misc. Pub. 382.

• 永井威三郎 (1959) 米の歴史, 日本歴史新書, 至文堂. 250pp.

• Nayar, N. M. (1973) Origin and cytogenetics of rice. Advances in Genetics 17 : 153~292.

• Nishiyama, I. (1971) Evolution and domestication of the sweet potato. Bot. Mag. Tokyo 84 : 377~387.

• Ochoa, C. (1965) Systematic determination and chromosome counts of the native potatoes grown in central Peru. An. Cientificos, Lima 3 : 103~163.

• Oka, H. I. (1973) Experimental studies on the origin of cultivated rice. Symposium "Origin of cultivated plants" Proc. 13th Int. Congr. Genet. 1973.

• _____ and H. Morishima (1971) The dynamics of plant domestication : Cultivation experiments with *Oryza perennis* and its hybrid with O. *sativa*. Evolution 25 : 356~364.

• Phillips, L. (1963) The cytogenetics of *Gossypium* and the origin of the new world cottons. Evolution 17 : 460~469.

• Pickersgill, B. (1969) The archaeological record of chili peppers (*Capsicum* spp.) and the sequence of plant domestication in Peru. American Antiquity 34 : 54~61.

• _____ (1971) Relationship between weedy and cultivated forms in some species of chili peppers (genus *Capsicum*). Evolution 25 : 683~691.

• Portéres, R. (1956) Taxonomic agrobotanique des riz cultivés, O. *sativa* L. et. O. *glaberrima* steud. J. Agr. Trop. Bot. Appl. 3 : 342~856.

• Richardson, J. B. III. (1972) The pre-columbian distribution of the bottle gourd (*Lagenaria siceraria*). A re-evolution. Econ.

Bot. 26 : 265~273.

- Riley R., J. Unrau and V. Chapman (1958) Evidence on the origin of the B genome of wheat. J. Hered. 49 : 91~98.
- Roschevicz, R. J. (1931) A contribution to the knowledge of rice. Bull. Appl. Bot., Genet, and Pl. Breed. 27.
- 阪本寧男 (1970) 考古學的にみた栽培ユムギと栽培オオムギの起原, 遺傳 24 : 48~55.
- Sakamura, T. (1918) Kurze Mitteilung über die Chromosomen- zahlen und die Verwandschf tsverhältnisse der Triticum- Arten. Bot. Nicotiana. J. Genetics 43 : 69~96.
- Hall, O. (1959) Immuno-electrophoretic analyses of allopolyploid ryewheat and its parental species. Hereditas 45 : 495~504.
- Harlan, J. R. (1956) Distribution and utilization of natural variability in cultivated plants. Brookhaven Symp. Biol. 9 : 191~206.
- _____ (1961) Geographic origin of plants useful to agriculture. In Germ Plasm Resources. (Ed. Hodgson, R. E.) Publ. Amer. Ass. Adv. Sci. 66 : 3~19.
- _____, J. M., J. De Wet and E. G. Price (1973) Comparative evolution of cereals. Evolution 27 : 311~325.
- Harland, S. C. (1939) The genetics of cotton. London, Jonathan Cape.
- _____ (1940) New polyploids in cotton by the use of colchicine. Trop. Agric. Trin. 17 : 53~55.
- Hawkes, J. G. (1956) Taxonomic studies on the tuber-bearing Solanums. 1. Solanum tuberosum and the tetraploid complex. Proc. Linnean Soc. London 166, 97~144.
- _____ (1967) The history of the potato. J. Royal Hort. Soc.

248

92 : 207~365.

- Helbaek, H. (1959) Domestication of food plants in the Old World. Science 130 : 365~372.

- _____ (1971) The origin and migration of rye, *Secale cereale* L. : A Palaeo-ethnobotanical study. *In* Plant life of south-west Asia (Ed. by D. H. Davis, P. C. Harper and I. C. Hedge) 265~280.

- 細野重雄 (1954) ユムギの分類と分布 pp.5~132, 小麥の研究(木原均 編著) 養賢堂. 東京.

- Hurd, P. D., E. G. Linsley and T. W. Whitaker (1971) Squash and gourd bees (*Peponapis, Xenoglossa*) and the origin of the cultivated *Cucurbita*. Evolution 25 : 218~234.

- Hutchinson, J. B. (1958) Genetics and improvement of tropical crops. Univ. Press, Cambridge.

- _____, R. A. Silow and S. G. Stephens (1947) The evolution of *Gossypium* and differentiation of the cultivated cottons. London, Oxford Univ. Press.

- Hutchinson, S. J. ed. (1965) Essays on crop plant evolution. Cambridge Univ. Press. London.

- Jakubziner, M. (1932) Contribution to the knowledge of wild wheat in Transcaucasia. Bull. Appl. Bot. Genet. Plant Breed. 5 : 147~198.

- Jenkins, J. A. (1948) The origin of the cultivated tomato. Econ. Bot. 2 : 379~392.

- Johnson, B. L. (1967) Confirmation of the genome donors of *Aegilopscylindrica*. Nature 216 : 859~862.

- _____ (1972) Protein electrophoretic profiles and the origin of the B genome of wheat. Proc. Nat. Acad. Sci.

U.S.A. 69 : 1398~1402.

- _____ (1975) Indentification of the apparent B-genome donor of wheat. Can. J. Cytol. 17 : 21~39.
- Jones, A. (1967) Should Nishiyama's k123 (*Ipomoea trifida*) be designated *I. batatas?*. Econ. Bot. 21 : 163~166.
- 加藏茂苞, 小坂博, 原文六 (1928) 雜種植物の結實度より見たる稻品種の類緣について, 九州帝大 農學部 學藝雜誌 3 : 132~142.
- Khush, G. S. (1963) Cytogenetic and evolutionary studies in *Secale* III. Cytogenetics of weedy ryes and origin of cultivated rye. Econ. Bot. 17 : 60~71.
- 木原均 (1944) 普通ユムギの一祖先たるDD分析種の發見(豫報). 農業及園藝 19(10) : 13~14
- Kihara, H. and I. Nishiyama (1930) Genomanalyse bei *Triticum* und Mag., Tokyo 32 : 151~154.
- Sarkar, P. and G. L. Stebbins (1956) Morphological evidence concerning the origin of the B genome in wheat. Amer. J. Bot. 43 : 297~304.
- 佐佐木高明 (1971) 稻作以前, NHK books, 316pp.
- Sauer, C. O. (1952) Agricultural origin and dispersals. American Geographical Society, New York, 110pp.
- Schiemann, E. (1932) Entstehung der Kulturpflanzen. Handbuch der Vererbungswissenschaft III. Berlin 377pp.
- Schwanitz, F. (1966) The origin of cultivated plants. Harvard Univ. Press. 175pp.
- Sears, E. R. (1956) The B genome in *Triticum*. Wheat Inf. Service 4 : 8~10.
- Sheen, S. J. (1972) Isozymic evidence bearing on the origin of *Nicotiana tabacum* L. Evolution 26 : 143~154.

250

- Swaminathan, M. S. and M. L. Magoon (1961) Origin and cytogenetics of the commercial potato. Advances in Genetics 10 : 217~256

- Takahashi, R. (1955) The origin and evolution of cultivated barley. Advances in Genetics 7 : 227~266.

- _____ and Y. Tomihisa (1971) Genetic approch to the origin of two wild forms of barley, *lagunculiforme* Bacht. and *proskowetzii* N-ábelek (*Hordeum spontaneum* C. Koch emend. Bacht.) Barley Genetics II. Proc. 2nd Intern. Barley Genet. Symp. Washingtons. 51~62.

- 竹內均 上田誠也 (1964) 地球の科學, NHK Books, 252pp.

- Tanaka, M. (1956) Chromosome pairing and fertility in the hybrid between the new amphidiploid-S^1S^1 AA and Emmer wheat. Wheat Inf. Service 3 : 21~22.

- Ting, Y. (丁穎) (1949) Origin of the rice cultivation in China. Coll. Agr. Sun Yat Sen Univ. Agron. Bull., Ser. III 18pp.

- Ucko, P. J. and Dimbleby ed. (1969) The domestication and exploitation of plants and animals. London Univ. 551pp.

- Vavilov, N. I. (1928) Geographische Genzentren unserer Kulturpflanzen. Verbandlungen des V. Int. Kongr. Vererb. Wissenschaft. Berlin 1927. Aeits. f. Ind. Abst. u. Vererbungl. Suppl. 1 : 342~369.

- _____ (1951) The origin, variation, immunity and breeding of cultivated plants. Chronica Botanica 13 : 1~364.

- Vishnu-Mittre (1974) The beginings of agriculture : Palaeobotanical evidence in India. Evolutionary studies in world crops : Diversity and change in Indians sucontinent. (Ed. by J. Hutchinson) 3~30.

- Watson, W. (1969) Early cereal cultivation in China. *In* The domestication and exploitation of plant and animals (Eds. by P. J. Ucko and G. W. Dimbleby) 397~402. Duckworth, London.
- Watt, G. (1892) Rice. *In* Dictionary of the economic products of India. 5.
- Wellhausen, E. J., Roberts, L. M. and Hernandez, E. X. (1952) Race of maize in Mexico. Bussey Inst. Harvard Univ. Publ. Cambridge.
- Whitaker, T. W. (1973) Endemism and pre-columbian migration of the bottle gourd, *Lagenaria siceraria* (Mol.) Standl. *In* Man across the sea (Es. by Riley C. L., C. W. Pennington and R. L. Rands) 320~327.
- _____ and G. N. Davis (1962) Cucurbits : Botany, cultivation and utilization. World Crop Series. New York. 250pp.
- _____ and W. P. Bemis (1964) Evolution in the genus *Cucurbita*. Evolution 18 : 553~559.
- Zeist, van W. and H. E. Wright, Jr. (1963) Preliminary pollen studies at Lake Zeribar, Zagros mountains, south western Iran. Science 140 : 65~67.

재배식물의 기원

초판 1쇄 1992년 12월 30일
개정 1쇄 2020년 04월 23일

지은이 다나카 마사타케
옮긴이 신영범
펴낸이 손영일
펴낸곳 전파과학사
주소 서울시 서대문구 증가로 18, 204호
등록 1956. 7. 23. 등록 제10-89호
전화 (02) 333-8877(8855)
FAX (02) 334-8092
홈페이지 www.s-wave.co.kr
E-mail chonpa2@hanmail.net
공식블로그 http://blog.naver.com/siencia

ISBN 978-89-7044-933-3 (03470)
파본은 구입처에서 교환해 드립니다.
정가는 커버에 표시되어 있습니다.

도서목록

현대과학신서

도서목록

BLUE BACKS